心理学与记忆术

畅销三版

陈泊菡◎著　京师心智 专业心理教育机构 ◎组编

中国法制出版社
CHINA LEGAL PUBLISHING HOUSE

记忆超人要懂心理学

记忆力是我们人类与生俱来的自然属性，是我们每个人保存和积累个体经验的过程。记忆作为一种基本的心理过程，一直和我们其他的心理活动有着紧密的联系。这种复杂且难懂的人类行为，一直是心理学界的研究课题。在过去，记忆是作为一种神秘心理现象被学者们关注的；而现在，通过中外专家学者的努力，我们总结了大量关于记忆的心理学研究成果。在此基础上，我们可以系统地了解并归纳有关记忆方面的理论知识和科学方法。同时，根据研究所得的成果，帮助我们更好地了解自己。

我们想要搞懂自己的想法并不容易，但我们也不能忽视这些心理过程。现代记忆研究让我们知道，记忆力是可以作为后天技能进行训练的。我们每一个人都可以通过学习心理学去了解记忆，绕过枯燥乏味的学术研究，用轻松愉悦的阅读方式达到我们的目的，重新认识我们自己。

心理学并非如我们印象中的那般晦涩难懂，其实，这门学科存在的意义就是帮助人类更加了解自己，并且可以应用某些我们从未发觉的能力服务于我们自身，记忆就是其中一种。

早在记忆还未被系统研究的时候，这种人类的天赋属性就被人们曲解成各种光怪陆离的东西。就像先人们刚刚走出岩洞，看到被雷电点燃的树木，惊恐得跪拜在地。人类总是对自己不懂的事物产生敬畏，然后敬而远之。

所有的智力活动都是从记忆开始的，记忆对我们而言，如同氧气和水一样重要。同样，如果我们失去记忆的能力，那意味着我们的人生将一片空白。从新生坠地到入土为安，其间的几十年当中，我们脑中没有留下任何色彩，我们无法感受各种快乐或忧伤。垂垂老矣的时候，我们只能默然叹息，脑中空空如也，不知道自己到底是谁，在做什么，又将去往哪里。

记忆力是我们思考的基石，而人类之所以成为高级动物，根源就在于我们会思考。

一个人，如果想要在生活、工作中取得成绩，做得更好，那就必然需要杰出的记忆力，能够在很短的时间记住更多的内容。我们回顾历史，翻阅书籍，会发现很多伟人先哲，似乎都拥有着超越常人的非凡记忆能力。这种能力让他们可以更快更多地吸收各种信息，然后将信息转化为成果，呈现在世人眼前。

我们普通人并不是没有这样的机会，也不是做不到。或许我们都曾因为遗忘而质疑过自己，其实我们完全可以通过后天的努力去取得那些你认为难以企及的成就。你的大脑和你的潜能，是你无法想象的。我们可以不断地提高自己，完善自己。让记忆力变成体重，逐步增长，使自己变成一个记忆的胖子，然后吃进去更多的信息。现在有太多的方法可以提供给我们去学、去做、去努力。

想学习记忆术，成为记忆超人？要先懂一些与记忆相关的心理学才行。

目 录

第一章

大脑中的记忆芯片
——探索记忆的奥秘

了解它们的关系——心理学与记忆

相信很多朋友在看到“记忆术”三个字时，第一时间想到的或许都是某训练班或培训教室，似乎很难把记忆力和心理学联系到一起。在大多数人的眼里，心理学似乎仅仅是在咨询室里让患者闭上眼睛，放松心情，然后和患者聊聊天而已。其实心理学并非单纯地被用来排解心理压力。

心理学是一门研究人类及动物的心理现象和行为规律的学科，既是一门理论学科，也是一门应用学科。心理学涉及知觉、认知、情绪、人格、行为、人际关系、社会关系等众多领域，也与我们的日常生活紧密相连，如家庭、教育、健康、社会等。

自从 1885 年德国心理学家艾宾浩斯发表了他的实验报告后，记忆就成为心理学中实验研究最多的领域之一。这个曾经被赋予神秘色彩的心理现象，吸引了大量的学者和专家的关注。记忆是十分重要的，所有的学习和工作都是一种记忆活动。我们要想学习到一些东西，前提是我们必须保存有过往的一些经验和记忆，并且我们的思维过程也要靠记忆才能顺利进行。万物中只有人类具有过去、现在、将来的时间观念，这主要是人有记忆的缘故。人们都向往成为一个“过目不忘”的记忆超人，能够把所有有意义的信息都储藏在大脑里。然而，记忆是一个复杂的心理过程。

大多数的心理学教科书和词典上对于记忆的解释是这样的："记忆是过去经验在人脑中的反映。"我们汉语中的"记忆"二字简洁地表明了我们人类对于过往经验的反映，必须是先有"记"再有"忆"的。如果用信息加工的观点来解释的话，我们会把记忆看作对输入信息的编码、储存，并在未来的某个时间进行提取的过程。比如，我们背诵了一首诗，过几天考试时我们将它默写出来，这就是通过记忆实现的。

心理学家们从事基础研究的目的是描述、解释、预测和影响行为。而应用心理学家还有第五个目的——提高人类生活的质量。我们学习记忆，寻找增强记忆力的方法也是为了可以让它更好地服务于我们的生活。

所以，在我们开始通读本书之前，大家必须先明白这个事实：记忆是心理学研究中相当重要的一个环节，它在我们的日常生活、工作、情感等各个方面都起着至关重要的作用。记忆如同影子一般，一生都将跟随你的左右。所以，我们确实有必要去了解它，收获一些有趣的经验。

【记忆趣闻】

人类总是认为自己是地球上最具智慧的生物，因为我们创造了太多神奇的发明，如互联网、航天技术等。但是，就算我们的大脑已经如此强大，可依旧会出门忘记带钥匙，或忘记去接孩子放学。事实证明，在记忆力这方面，我们距离某些动物差得很远。

有研究人员做了一个非常有趣的实验：他们请了12名大学生和6只黑猩猩站在一个巨大的触摸屏幕前，屏幕的不同位置会同时出现9个数字，但是这些数字瞬间就会消失，然后成为白色方块。研究人员要求被试按照大小顺序依次指出这9个数字所在的位置。测试结果显示，黑猩猩的表现明显强过成年人类。

科学家认为："黑猩猩的记忆力可能与'遗觉象'现象或者是'相片式记忆'有关。"这种记忆的能力是指在刺激停止作用后，脑中却依然能继续保持异常清晰鲜明的表象。这种敏锐的记忆力对于在野生环境中生存的黑猩猩来说，是非常重要的。

这意味着，如果有几只雄性黑猩猩接近一个陌生黑猩猩群落时，只需要扫视一眼，就可以了解到附近有多少个充满敌意的对手；或者当一只黑猩猩需要进食的时候，只需要看一眼无花果树，就能分辨出哪些果实是可以安全食用的。

记忆器官是如何工作的——左脑与右脑

“我思考问题时，不是用语言进行思考，而是用活动的、跳跃的形象进行思考，当这种思考完成以后，我要花很大的力气把它们转化成语言。”惯于思考的爱因斯坦，一语道出了思考的过程：左脑、右脑一系列的小动作合力编排出思考的戏码。

大脑纵裂将我们的大脑分为一左一右两个脑半球，名为胼胝体的横向神经纤维是连接它们的桥梁。爱因斯坦的思考过程表明左、右脑在各司其职的情况下，也会通过“桥梁”相互配合。早在20世纪60年代，罗杰·斯佩里和他带领的研究团队就在实验中证实了这一现象，罗杰·斯佩里也因这方面的研究成果斩获了1981年度的诺贝尔医学（生理学）奖。是怎样的实验揭开了人类大脑的奥秘呢？

罗杰·斯佩里的实验是这样的：研究人员先找来了一些“裂脑人”，即胼胝体断裂的患者。这些“裂脑人”都是癫痫重症患者。为了不让他们的病情恶化，必须通过手术将连接左、右脑的“桥梁”拆掉，使左、右脑不能再互通有无。

接下来，研究人员拿出一张自行车的照片，并让它从“裂脑人”的右脑闪过。做完这些工作后，研究人员问“裂脑人”看到了什么？“裂脑人”的答案是什么也没看到，多次重复后结果还是一样。

实验结果恰恰证实了罗杰·斯佩里研究团队的猜想，因为连接左、右脑的“桥梁”被拆，右脑半球接收到的图像信息无法传到左脑半球的语言中枢，“裂脑人”的表述自然是什么都没看到。

为了进一步验证大脑两半球的分工不同，研究人员换了一种方法，不再让“裂脑人”说看到了什么，而是让他们把看到的东西画出来。奇怪的是，这回“裂脑人”准确无误地画出了照片上的自行车。除此之外，“裂脑人”还能通过触摸，准确无误地找出右脑看到的图片中的实物。

根据研究结果，他们初步揭开了人类大脑的奥秘：左脑负责逻辑思考和语言表达，即便是没了连接左右脑的“桥梁”，也拉低不了“裂脑人”的智商；右脑却好比是天生的艺术家，在空间和图像辨识上有着与生俱来的天赋。

关于我们的大脑，曾被证实由 140 亿个脑细胞组成，与此同时，每个脑细胞又能生长出 2 万个树枝状的树突，并通过树突互通有无。脑神经细胞的表现更是让人叹为观止，其信息传递和交换的速度高达每秒 1000 亿次。如此神通广大，无怪乎世界上功能最强大的计算机在它面前都不免黯然失色。除此之外，它的存储空间也不容小觑，它完全可囊括 50 亿本书的内容，相当于 500 个美国国会图书馆（世界藏书之最）的藏书量。

如此神通，仅靠大而化之的左右脑半球的简单分工显然是无法施展的。面对纷纭芜杂的信息流，大脑需要从中寻找一种平衡，将各种“观点”糅合成同一种声音。这些，它又是如何做到的呢？

多年之后，罗杰·斯佩里的学生迈克尔·加扎尼加将这个问题带到了实验中,突破口再次被放到“裂脑人”身上。与以往不同的是，这次研究人员给“裂脑人”看了两张照片：鸡爪图给左脑看（呈现给右眼），雪景图则给右脑看（呈现给左眼）。看过之后，研究人员让“裂脑人”从准备好的图片中选出与刚才所看到的最为接近的图片（备选图片左右脑都能看到）。实验结果是，“裂脑人”选出了鸡和铁锹的图片。鸡爪是鸡身上的东西，而铁锹可以用来清理雪，所以说鸡对应鸡爪，铁锹对应雪景也说得过去。

为了获取更多的信息，研究人员还是要“多此一问”：为什么选择鸡和铁锹呢？因为左脑看到的是鸡爪图，在没有右脑的配合下也能作出准确的判断,所以“裂脑人”指着鸡的图片无比自信地说：“鸡是用鸡爪走路的！”接下来轮到铁锹了，“裂脑人”只有右脑看到了雪景图，因此只能画出来或者凭触觉感知，也就是说，没有接收到雪景图信息的左脑无法形成逻辑，更别说从备选图片中找出关联信息了。因此，这个时候“裂脑人”显然没有了之前的自信，低头看了许久选出的铁锹图，才回答道：“铁锹可以用来清理鸡舍。”

此番结果证实了迈克尔·加扎尼加的猜想：左脑只不过是在编故事。在这之前，就有相关研究表明：左脑半球善于将接收到的信息整理加工成条理清晰的故事，并且将其传送给意识。好比在日常生活中，我们无意中听到了某些闲话，会不由自主地进行揣测，然后将片段编织成完整的故事。我们的大脑之所以能够将各执一词的信息流合并为同一种声音，正是因为左脑半球的某个部位一直在滔滔不绝地讲故事，所有的信息经它协调后，就达成了共识，也就发出了相同的声音。

“左右脑分工理论”意在说明，人的左脑半球是能说会道的语言中枢，是右半身的神经和器官的司令，是逻辑思维的代言人。右脑半球则是一个不会说话的哑脑，但是这对它的艺术天赋没有丝毫影响，观赏绘画、欣赏音乐、凭直觉观察事物等它都能搞定，除此之外，它还是一个超大容量的记忆储藏室，里面陈列的书架上摆放着不同的书籍和各种信息，我们的经历被它一字不落地记录着。

爱因斯坦所描述的思考过程，则是右脑将所接收到的信息进行储存，这时左脑通过“桥梁”提取右脑储存的信息，再经过逻辑上的推敲，形成条理清晰的思路，并将其转化成语言，或脱口而出或跃然于纸上。

记忆也一样，既离不开左脑半球，也少不了右脑半球。阅读是右脑对所接触到的信息进行储存的过程，也就是“记”的过程。左脑对右脑通过“桥梁”传送过来的信息进行提取和处理的过程就是“忆”的过程。存储是记忆的基础，提取和检索是记忆的表达。我们只有牢牢“记”下大量的内容，才能在适当的时候快速准确地将其“忆”出来。

脑中的数据处理器——什么是记忆

也许很多人是从2000年上映的美国悬疑电影《记忆碎片》开始关注记忆问题的，这部电影在当年获得了奥斯卡最佳剧本的提名，在同时期的悬疑惊悚片中脱颖而出。

这部电影讲述了一个患有“短期记忆丧失症”的男人为妻子报仇的故事。男子因为脑部受伤，只能记住10分钟前发生的事情，他在复仇的过程中必须把各种线索通过文身和照相的方式记录下来。否则很可能十几分钟后，他就根本记不得自己在哪里、在做什么。可见记忆是何其宝贵的东西。

那么记忆到底是什么呢？

先来看看官方的说法：记忆是人类心智活动的一种，属于心理学或脑部科学的范畴。记忆代表着一个人对过去活动、感受、经验的印象累积，有多种分类，主要依据环境、时间和知觉来划分。

假设我们的大脑是一个数据处理器，那记忆就是人类将自己的思维信息内容“储备”和“使用”的过程。

从字面意思来看，记忆包含了两个步骤。首先是“记”，记就是将自己所见、所闻、所感的信息打包成压缩包，保存到大脑硬盘当中；而“忆”则是在未来将从前的压缩包下载解压，用来重温过去的工具。

所谓记忆，就是人们对经验的识记、保持和应用过程，是对信息的选择、编码、储存和提取过程。

比如，我们开始认字识字，上学听课了解大量知识，然后在考试中，我们针对不同的题目去选择并提取相应的答案，最终完成书写。这是绝大多数人最常使用记忆的情形。

当然，记忆的使用有时并不那么顺利。比如，老师前一晚布置背诵一篇《出师表》，你头晕眼花地记了一晚，第二天闹钟一响，脑中一片空白。你很努力地去回忆，却只有一些只言片语，根本无法把它们串联成一篇完整的文章。可有的人却如同复读机一般，倒背如流，甚是轻松。

这是生活中常说到的记性好和记性差，用切合本书的术语来说就是：记忆力强、记忆力差。

相信很多朋友都曾问过自己，为什么就记不住呢？怎么就老忘呢？难道是我脑子笨？其实并非如此。

有一个男孩，从小就被医生诊断有阅读障碍症，老师们也认定他这辈子不会有什么大出息，没有一个人对他抱有希望。

那时候老师对他的评价是“他在计算的时候心思不知道飞到哪里了”“他根本无法集中注意力，总是在想一些不着边际的事情”“他的脑子反应实在太慢了，甚至连我的提问都无法重复”。

这些评价让他十分苦恼，但确实是真实的。男孩觉得自己的大脑无论如何都集中不了精神。

那时候学校是他的噩梦，一走进学校他整个人都会陷入一种恐惧中。

但是15年后，他靠自己学会了如何记住一副扑克牌，并且因为拥有“令人难以置信的脑力”而被载入《吉尼斯世界纪录大全》，甚至还成了世界记忆锦标赛冠军，获得整整8次的冠军殊荣！

从他记住那一副扑克牌开始，他就证明了自己拥有着一个无与伦比的大脑，并且赢回了失掉的自尊。同时，也彻底摆脱了长久以来笼罩在头顶的“乌云”。

他的名字叫作多米尼克·奥布莱恩，现在身为世界记忆大师的他，正积极投身于大脑思维与记忆训练的领域之中，把他个人在这方面的经验传授给越来越多的人。

这就是记忆的力量。

其实，记忆作为一种基本的心理过程，是和其他心理活动有着密切联系的。比如，个体过去的经验就有着重要作用。如果没有它的参与，人就无法去分辨和确认周围的事物。

就像远古时代的先民，假如没有记忆作为参照物，那么他们就无法区别哪些果实可以食用，哪里的山泉清甜可口，哪里的山洞没有野兽出没。由此可见，记忆对于人的生存是至关重要的，当我们面临复杂的问题时，由记忆提供的知识和经验起着重要的作用。

记忆在个体心理的发展中，同样有着重要的意义。比如，人类要发展动作技能，像行走、奔跑和各种劳动技能，就必须保存动作的经验；要想发展语言和思维，就必须保存词汇和概念。没有记忆，就没有经验的积累，也就不可能有心理的发展。

此外，一个人某种能力的显现、某种习惯、行为方式和人格特征的养成，都必须以记忆活动为前提。

记忆是人类得以学习、生活和工作的基本技能。

学生需要凭借记忆才能获得知识与技能，才能以此不断地吸收能量去充实自己，不断增长自己的才干；歌手和演员只有凭借记忆才能准确地表达自己的各种感情、语言和动作，从而呈现出一场完美的艺术表演；工程师需要用记忆去精准地度量和计算，才能确保每一个零部件的匹配及机械的正常运作，最终将各种精密的仪器应用到生活当中。

可以说，离开了记忆，个体便一片空白，什么都无法学会。到那时个体只能凭借本能做出各种行为。从某种程度上讲，没有记忆和学习，就不会有人类的文明。

在自然界中，有一个词语叫作“原块”，“原块”是生命的基础，这是为了方便进行心理分析所创造的一个概念。“原块”使人体产生“记块”,而“记块”的信息量在人的一生当中是极其庞大的。不过很多“记块”都被大脑隐藏了，只有在某些特殊情况下才会被提取出来。例如，你可能在儿时听过一首歌曲，但是这么多年你从来没唱过，甚至自己都不记得听过这么一首歌了，但是在几年或者几十年后，你可能突然就自然而然地唱出来了。

可见人类的记忆力是无限的，“记块”一旦产生，就会在你的大脑中深深扎根，只是很多时候我们缺乏唤醒它们的能力。一旦在某些情况下有了某种提示，它就会突然被唤醒，形成“忆块”。比如，对问题的思考，某个特定时间引起的情绪体验以及一些过去做过的动作行为，这些经验“记块”都会以映像的形式储存在大脑当中，在一定的条件下，这些映像又会从大脑中被提取出来。

这个过程，就叫记忆。

【记忆趣闻】

蚂蚁的记忆力较强。蚂蚁从它们腹部末端的腺体里排出一种分泌物，留下了一种特殊的气味。过去人们认为蚂蚁主要是依靠气味来认路，近年来有人进行实验，把气味完全抹去，蚂蚁仍能记住原来复杂的路线。这说明，蚂蚁不仅靠嗅觉，还靠记忆力认路。

无独有偶，马也是一种有着超强记忆力的动物。一匹马在矿井下拉车 10 年，这段时间它从没有上过地面。后来由于衰老，人们把它送出矿井，它马上直奔离矿井很远的饲养场。10 年光阴，一点儿也没有冲淡老马的记忆力，难怪人们常说老马识途。

科学家们研究发现，动物大脑中有核糖核酸、乙酰乙酯等物质，这些与记忆力有关。但是，动物的记忆力大多是出于无意识的本能，与人类的思维活动有着本质的区别。

走进记忆的世界——记忆万花筒

相信大家目前都对记忆有了大概的认知，都了解到记忆其实就是一种心理过程。那么，对于我们普通人而言，要如何把对记忆的认知应用到生活当中，并且得到一些预期的收获呢？

我们先对记忆进行一个分类，一个一个了解它在我们的生活中起到的不同作用。

记忆如果按照内容划分，可以分为 5 类：形象记忆、情境记忆、情绪记忆、语义记忆、动作记忆。

形象记忆

形象感知是记忆的根本。它是指以感知过的事物的形象作为内容的记忆。其中包括了对事物的形状、质地、体积、颜色、气味、声音等具体形象的识记、保持、再认和再现。

比如，你曾去过一座巍峨的高山，那么往后的日子里，只要再次看到远山，你的脑海中就会不自觉地浮现出以前去过的那座山。如果你儿时生长在山村之中，整日与牛羊为伴，那么不管过去多久，只要一闻到膻气，就能准确分辨它是来自牛还是羊。可能你并不懂什么是雪纺、什么是纯棉，但只要伸手摸一摸，那么这两种手感将成为你区分它们的重要依据。

这种形象记忆是带有显著的直观性和鲜明性的。人类的记忆都是从形象记忆开始，婴儿出生后6个月左右就会拥有形象记忆的能力，分辨父亲母亲，认知熟面孔和陌生人，这都是形象记忆的表现。

不过，人的形象记忆发展的水平是受到社会实践活动影响的，如音乐家就擅长听觉形象记忆，而画家则擅长视觉形象记忆。而我们大多数人的形象记忆是属于混合型的。

情境记忆

情境记忆又称情景记忆，顾名思义，它是个体直接记录自己经历的记忆，即以空间和时间为坐标，对个体亲身经历的、发生在一定时间和地点的事件的记忆。

人类的大脑很难记住一些司空见惯的小事，但对于有意义的事件却会记得十分清晰。比如，如果你在听到尖锐的刹车声后，亲眼目睹了一场车毁人亡的惨剧，那么在你此后的人生当中，一旦再次听到类似的声音，就会不由自主地感到恐惧，并想起那场惨剧。这说明，你的大脑已经将刹车声和车祸紧密联系在了一起。这种记忆对人类生存具有十分重要的意义，它可以帮助大脑判断如何趋利避害。

加拿大心理学家图尔文和唐纳森在1972年把长时记忆分为情境记忆（或情景记忆）和语义记忆。

而情境记忆又有靶记忆和源记忆之分。通俗点说，靶记忆就是关于跟什么人说过什么话的记忆；源记忆就是关于从谁那里得到信息的记忆。有时候我们兴致勃勃地给朋友、同事讲了个笑话，结果对方却兴趣索然地说："你都讲过很多遍了……"其实，这就是靶记忆惹的祸。

记得跟什么人说过什么话很重要。老师和领导要是忘了自己给学生和下属交代了什么作业或任务，正常学习、工作秩序将难以维持。对于普通人而言，靶记忆也不只是避免啰唆和尴尬这么简单。

加拿大罗特曼研究所的尼格尔·高比设计了一个实验：他让参与者向名人的图片随意讲述一个信息，来模拟向不可选择的对象传递信息的过程；然后让参与者从名人的图片那里得到一个信息，来模拟从他人那里接收信息的过程。最后发现，参与者可以较好地记住给他们讲故事的名人，却不大记得住谁听了他们自己讲的故事。结果再次证实：比起记住讲者，记住听者出错的概率要大得多。

当人们在向别人诉说一件事的时候，会把自己的注意力完全放在正在讲述的信息上。而在和朋友聊天的时候，告知其一个故事就不仅仅是传递信息这么简单了，因为在这个过程当中，会经常用到"我"这种词汇，于是在很大程度上提升了自我关注度。

情绪记忆

情绪记忆又叫情感记忆，是主要以体验过的情绪、情感为内容的记忆。某种情境或事件，引起个人强烈或深刻的情绪、情感体验时，对当时情境、事件的感知，与由此而引发的情绪、情感结合在一起，都可以保持在人的头脑当中。例如，我们日常生活中所说的"记仇"就是一种情绪记忆。

在个体回忆的过程中，只要有相关的表象浮现，那当时相应的情绪、情感就会出现。情绪记忆具有鲜明、生动、深刻、情境性等特点。所以情绪记忆相较其他记忆更为牢固。有时候经历的事实其实已经有所遗忘，但激动或者沮丧的情绪依然留在记忆之中。所以情绪记忆在文艺创作和表演艺术当中起着相当重要的作用。最常见的例子就是“失恋”。

语义记忆

它是一种基于对作为一般性知识的事实与概念的了解，透过语言、文字、数字、算法等抽象性的内容来形成记忆。通常是由情境记忆发展而来，是一种客观性的知识，与个人经验无关。常见的背单词、记公式、诵诗词，都属于这一范畴。

语义记忆属于对各种有组织的知识的记忆，如词汇、概念、定理以及它们之间的关系和规律的记忆。它所包含的信息是不受接收信息的具体时间和空间限制的，主要受其意义影响。比如，北京是中华人民共和国的首都、电压和电阻成正比、春夏之后是秋冬、飞机场是停飞机的地方等。

语义记忆相比情境记忆较少受到干扰，提取信息也更加迅速，一般是不需要进行检索的。不过当前的研究认为，把情境记忆和语义记忆分别看作两种不同的记忆系统是不确切的。因为它们可能代表一个连续体的两端，在它们之间很难划分一条严格的界限。

动作记忆

动作记忆，又称运动记忆，是以完成过的动作、运动、活动为内容的记忆。人们在生活中的运动动作、习惯动作、劳动动作、艺术动作等，都是以运动记忆为基础的，同时又是运动记忆的表现。

动作记忆对于运动员、舞蹈演员、技术工人等人群的活动有着重要的意义。同时动作记忆又是形象记忆的一种特殊形式，它是以完成过的动作所形成的动作表象为前提的，虽然识别时比较困难，但一经记住则很容易保持、恢复，且不易遗忘。

研究表明，动作记忆在个体的发展中比其他各种记忆形成得都要早，它是人们获得言语、掌握和改进生活技能的基础。

武侠小说当中经常会出现这样的情节："华山派弟子惊讶地发现，来人所使的步法和剑招竟和自己平时所练习的一模一样，无论是起手式还是收剑式，都是活脱脱的华山剑法，行云流水，游刃有余。"其实，这也是类似于形象记忆的动作记忆。

正因为动作记忆识别时比较困难，所以在经过长时间反复操作演练后，它才更容易保持下来。

例如，一个写字难看的中国学生到海外留学，每天奋笔疾书练就一手漂亮的英文书法，等他回国之后拿起钢笔用汉字写自己的名字时，中文字却写得依旧难看。

记忆除了五大记忆种类，还分三大系统。这些内容不多，仅作为对记忆体系的补充。

首先，如果我们用信息加工的观点来看待人的认知活动的话，那么人的认知活动也可以看作对信息加工的过程。所以按照信息编码、存储和提取方式的不同以及信息存储时间长短的不一，这里将记忆分成了“瞬时记忆”“短时记忆”“长时记忆”三个系统。

瞬时记忆又称感觉登记或者是感觉记忆，是认知心理学用来说明人的感觉作用和记忆形成的术语。代表着刺激源的信息接触到人的感觉器官，被暂时地存储。凡是接触到感觉器官的信息，都成了存储登记的内容。

瞬时记忆的作用就在于，它暂时地为我们保存了所接收到的所有感觉刺激以供选择。我们需要它，因为在接收信息之后，我们需要时间去判断周围环境的刺激哪些更为重要，哪些次之。但是这个时间不能太久，否则，我们很容易丢失后面更重要的信息。

例如，当你走在大街上时突然闻到一股麻辣烫的味道，这时眼前走过了一个衣着清凉的美女，与此同时，你的身后传来一声汽车的急刹锐响。这时候你在一瞬间接收到了食物、女人、危险这三种信号，而这三种信号需要你在目前所处环境当中迅速分辨出一个最重要的。否则，味道可能消失，美女可能离开，失控的汽车可能朝着你冲过来，这就是瞬时记忆所起的作用。

相比之下，短时记忆就显得简单多了。

短时记忆也称作工作记忆或者是操作记忆，它是信息加工系统的核心，指信息一次呈现之后，保持时间在 1 分钟以内的记忆。短时记忆中的信息保持时间一般在 0.5 秒～ 18 秒，不超过 1 分钟。

有人把短时记忆比作电话号码式记忆，意思是说，人们为了打电话，先查找电话号码，查到后立刻拨号出去，等到通话结束，电话号码也就随即忘掉了。在短时记忆中，记忆内容就保持这样短的时间。

短时记忆在现代化工业和军事通信工程中有着重要的作用。例如，在自动化控制系统中，人们需要按照仪表盘上的数据显示来进行操作，因此必须暂时记住仪表显示的数据。等到操作之后，这些数据则被迅速地忘记。

生活当中对于短时记忆的使用也很频繁，像打字员从看稿到打字，翻译工作者从听到翻译，学生上课从听讲到记笔记，都是靠短时记忆来实现的。

长时记忆则是指永久性的存储，一般能保持多年甚至终生。

理论上讲，长时记忆是指存储时间在 1 分钟以上的记忆。长时记忆中存储着我们过去的所有经验和知识，为所有的心理活动提供必要的知识基础。同样，长时记忆的信息来源大部分是对短时记忆内容的加工，也有由于印象深刻而一次获得的。

具体的记忆过程与短时记忆基本无异，这里就不再赘述。

【记忆趣闻】

有一种流传很广的说法，“鱼的记忆只能保持短短 7 秒的时间。7 秒钟之后，此前的经历便会忘得一干二净，周围的一切都是新鲜的。正是这个原因，金鱼一辈子待在小小的鱼缸里，都不会觉得郁闷和无聊，还没游上一圈，它的记忆就消失了，鱼缸对它来说就是一个全新的世界”。实际上，这不过是一个流传甚广的谣言罢了。

有人曾经做过这样一个实验：在鱼缸的一侧投射一道亮光，紧随其后的是痛苦的电击。鱼缸里的金鱼吃了苦头之后很快就长了记性，当亮光出现的时候，它们会马上游开，避免受到电击。实验结果发现，在此后长达一个月的时间里，金鱼都能记住如何避免遭受电击。

一位叫埃里克森的心理学教授也做过类似的实验，每次在喂鱼（不同的是，他喂的是鲶鱼）的时候，他都要叫上几声——鱼、鱼、鱼。经过一段时间的训练，他每次这样叫的时候，就会有19条鲶鱼游过来讨吃的。第二年，埃里克森又来到鱼池边召唤他的鱼，这次有16条鱼听到了他的召唤。5年之后，当他再次这么做的时候，仍然有9条鱼还记得他的声音。

为什么你记不住——艾宾浩斯遗忘曲线

德国心理学家艾宾浩斯经过研究后发现，遗忘在学习之后立即发生，并且遗忘的速度不是均匀的。最初遗忘的速度很快，以后逐渐缓慢。

在艾宾浩斯的长期实验与反复计算后，根据研究结果，他描绘出了遗忘进程的曲线，也就是著名的艾宾浩斯遗忘曲线。这条曲线证实了艾宾浩斯的猜想，他发现，人们在学习中的遗忘是有一定规律的——遗忘先快后慢。

时间间隔	记忆量
刚刚记忆完毕	100%
20 分钟后	58.2%
1 小时后	44.2%
8~9 小时后	35.8%
1 天后	33.7%
2 天后	27.8 %
6 天后	25.4%

艾宾浩斯发现的遗忘规律

有人做过一个实验，两组学生共同学习一段课文，甲组的学生在学习之后不复习，一天后的记忆率是 36%，一周之后只剩 13%；而乙组的同学按照艾宾浩斯记忆规律复习，一天后的记忆率为

98%，一周后是86%。从数据上不难发现，复习过的记忆率明显高于不复习的情况。

所以，课堂上老师不厌其烦地说，一定要复习复习再复习，这并不是一句空话。当然，复习也讲究方法。

我们都知道大脑是一座记忆仓库，我们所经历的事物、思考的问题、体验的情感、练习的动作，都可以成为脑海中的记忆。而记忆这个过程包含了识记、保持、再认和再现。我们大多数人在英语的学习过程中，只注重学习当时的记忆效果，却没有想过，如果忽视了后期的保持和再认，同样达不到良好的记忆效果。

我们现在都知道，记忆在保持的时间上是不同的，分别有短时记忆和长时记忆。

我们在课堂上所学习的内容只能成为短时记忆，如果不经过及时复习巩固，所学的内容很快就会遗忘。而课后进行过及时复习的内容，则可以从短时记忆变成长时记忆，在大脑中保持相对比较久的时间。

怎样才叫遗忘？所谓遗忘，就是我们曾经记忆过的内容无法再回忆起来，或者是错误的回忆，这些都叫作遗忘。

那么回到最初的问题，为什么我们记不住？

在艾宾浩斯的理论中，最重要的重复期并不是几天以后，而是识别后的几个小时之内。关键在于两点：一是当我们获取新知识之后是否立即巩固，二是我们在未来的一个月当中，是否会重复地使用我们所学到的知识与技能。

死记硬背是态度，而不是方法。我们要做的只是把死记硬背这件事变得更加有效率，有趣味，更合理，然后按照我们所制定的步骤，稳扎稳打，慢慢地进行下去。

第二章

记忆达人工具箱
——强化记忆力的诀窍

飞速运转的大脑——全脑速读记忆

美国心理生物学家斯佩里博士通过著名的割裂脑实验，证明了大脑的不对称性和“左右脑分工理论”。实验得知，左右脑半球是各自独立进行活动的，彼此并不知晓对侧半球的活动情况。

左脑专司“意识”“学术”“语言”；右脑主管“图像”“本能”“潜意识”“创造”“音乐”“艺术”。它俩明显具有不同的思维能力，左脑像董事会，专管大方向；右脑像行政部，负责零碎工作。

我们从小到大所学习的语言、文字、数学、逻辑思维等，大部分都是在开发和利用我们的左脑，对于右脑的开发却非常有限，因此左脑和右脑的能力往往存在着很大的差别。

在记忆力训练术当中，专门有一种方法来协调左右脑，对它们进行综合使用。这种方法就是在阅读的过程中，全脑协作，提高阅读的速度、效率和记忆理解力。这就是全脑速读记忆。

成功者都是善于阅读的，阅读的最大成本就是时间，而速度的最大价值就在于帮助人们节省时间成本。

除了进行记忆力训练，全脑速读记忆还能提高文件的检索速度。这在档案管理、图书期刊管理和信件分拣工作的实践中早已得到充分证明。

用最短的时间、最快的速度去获取最丰富、最多的信息，并且对这些信息进行有效筛选，取得最佳效果，产生最好效应，这就是全脑速读记忆的作用。

第一步：眼脑直映

传统阅读者的阅读路线一般是由视觉中心传至言语中心，经发音器官发出声音传至听觉中心，再由听觉中心传到阅读中心，最后才达到理解文字意义的过程。相信很多人都有这种习惯，如果不出声，甚至就无法进行正常阅读。

但这样的阅读过程太过曲折迂回，路线太长，不仅耗费精力容易疲劳，还直接影响理解和记忆的效果。眼脑直映的目的则是培养我们直接把视觉器官感知的文字转化成意义，消除头脑中潜在的发声现象，从而实现阅读速度的飞跃。

视觉器官感知的文字——我们眼睛所看到的文字——转化成意义代表着对文字的理解，那消除潜在发声现象就意味着阅读的时候闭嘴。在这一过程当中，除了我们的眼睛和神经系统，不需要其他感觉器官参与进来捣乱。

因为语言的表达和思维的理解是不一致的。语言的表达必须使用明确的、连贯的语言，而思维活动却是跳跃性非常强的。我们在阅读过程中理解文字时，是按照自己的思维习惯，用自己潜在的“语言”来理解。

所以阅读的时候一定要做到不朗读、不唇读，不喉诵、不心诵。

第二步：消除回跳

如果你的朋友或是伴侣在你身旁读书，那你可以观察一下他眼睛运动的过程，看看他的眼睛是停是动。这样你就能知道对方到底是在看书，还是借着看书的幌子在发呆想些别的事情。

生理科学已经证明，人在阅读的时候，眼睛只能处于两种状态——眼停或是眼跳。眼睛只有处于眼停的状态下才能够感知文章的内容，而眼跳的过程中是基本不吸收信息的。

在阅读的过程中，眼睛的注视并不是逐词逐句地向前移动，有时候会因为没看明白，或者没看清楚，而倒退回去，以便对不同位置的内容进行综合的理解、记忆，或者寻找遗漏的信息。这种逆向的返回运动在阅读学上叫作“回跳”或“回视”。

回跳次数越多，注视次数和耗费的时间也跟着增多。显然，回跳的次数与读者的阅读能力、读物难易程度和阅读要求有关。不熟练的读者，注视次数多，所覆盖的字词少，回跳次数也高，约占注视的 30%；而阅读能力强的读者，注视次数少，所覆盖的字词多，回跳次数也少，只占注视次数的 10%。

除了“回跳”，还有一种相似情况叫作“扫视”，也叫“行间移动”，是眼动的特殊情况。阅读时的扫视是从一行文字的末端移动到下一行文字开端的眼动，若反复扫视的运动较多，很容易发生串行或是反复寻找的情况。

美国阅读心理学家古德·伊洛费认为，在造成阅读速度慢的主要因素中，有关眼球运动的有三点：注视的次数过多、每次注视的时间过长以及回视次数过多。

这些已经成为许多阅读研究者的共识。因此，我们只需要在阅读的过程当中有意识地去减少注视的次数，尽量缩短注视的时间以及避免不必要的回视，这样阅读速度就会得到显著提高。长此以往，很快就会形成快速阅读的能力。

第三步：扩大视幅

视幅是指我们的眼睛在阅读书籍或是观察物体的时候，眼睛停顿一次所能看清内容的有效幅面。

在阅读方面，视幅单指眼睛停顿一次所能看清的文字、句子、段落的最大容量，又叫作“视域”或者“视面”。

其实，大脑和眼睛识别出一个词或者多个词所用的时间几乎是相同的，因为我们所观察到的信息量都处在一个视幅广度之内。虽然每个人的视幅广度都会有一定的差异，但是只要通过训练，都可以得到充分利用和扩大。

如果我们的眼睛停顿一次所能看清的文字段落大，那视幅就大，相应地，我们的阅读速度就快，阅读的效率就高。只要我们明白这个简单的生理小窍门，那么在以后的阅读中就要有意识地去扩大自己的视幅，从而提高自己的阅读效率。

视幅的训练方法也并不复杂，但需要长期的坚持和保持。

我们可以从目前一目 5 个字，慢慢提高到一目 1 行，一目 3 行，直到一目多行。当然这里并不是毫无意义地快速扫视，而是在感知到文字并且理解的过程中去主动扩大视幅的范围，使眼睛的吸纳能力大大加强，提高眼睛对文字的整体感知，同时也提高我们的记忆理解率。

当然，只是阅读速度快而记不住也是白费工夫。全脑速读记忆主要是对右脑进行记忆训练。你可以试着先用自己当前的速度去看完一篇文章，然后回忆文字形象、文章内容大意，接着动笔默写。千万不要偷懒，不管脑中记得多少，也要将对文章的理解、文字形象的模糊记忆全部写下来，并且反复进行练习，重复做下去，你的记忆力必然会得到大幅度的提升。

眼睛是阅读的先决条件，所以除了针对眼睛的训练，全脑速读记忆的重点还是在于速度。只有速度的提升才能促进效率的提升，当速度和效率都节节上升的时候，记忆能力的提高便水到渠成了。

速度是一门特殊的技术，但我们可以通过一些常规的训练来进行提高，这些训练方式简单易学，每个人都可以轻松进行。

扫读训练

为了可以更快捷地获取重要信息，加快我们的阅读速度，首先可以试试扫读的方法。这里的扫读不同于前文的无意义扫视，而是指在一整篇文章当中快速地寻找到你所要找的重点内容。扫读的速度要快，但是不能只顾着扫而忘了读，所以必须要掌握一个原则——有针对性地、根据题目所需的答案进行扫读。

如此一来便做到了心中有数，知晓自己要找的是什么，有了目的性，自然事半功倍。在扫读的过程中视线运动要快，捕捉到所需答案的线索后迅速集中寻找。在确定所找内容之后停止继续扫读，快速在脑中分析加工，解决你的问题。

推断训练

人的大脑有压缩和选择信息的功能，所以，如果我们没有时间去通读全文也没关系。我们可以找到重点作出判断，从而获取有用的信息。平时大家也会看一些推理小说、电影，里面的警探在办案过程中不都是通过一些蛛丝马迹从而推断并还原出完整的场景的吗？这是一样的道理。

所谓推断训练，就是快速地从文章当中检索出关键词和表达意图，这种方式可以极大地压缩文字数量，加快我们对文章的理解。有时候一篇文章并不是必须一字一句地读完，尤其是在分秒必争的情况下，需要精准地攫取文章的中心，了解大意，从而解答和处理相关问题。

理解训练

光有阅读速度却不理解是没用的，未经理解的阅读内容很难得到有效记忆。速读理解既要求阅读的速度，又要求对文章的理解，所以有一定的难度。平时如果读一篇文章，可能会细细品味一番，好好琢磨琢磨。但是速读没有这个时间，理解要快速，阅读也不能慢。

通过按部就班的训练，要做到这一点并不是很困难的事情。所有的速读都是建立在理解的基础上，如果你对文章完全没有理解，那必然是记不住的。因为对你来说，那只是一大片字与词的组合。

一般我们在进行速读训练时，并不会刻意要求百分之百的理解，就像我们看新闻报道，没必要从头听到尾，只需获取其中的实质内容即可，至于无意义的部分，尽可弃之。让速度和理解保持在一个适当的比例上，才能让自己获得比较高的阅读效率和良好的效果。

世界上没有一两天就可以练成的高超技术，成果都是来自勤奋与坚持。因为每个人的内在因素和外在因素都是不同的，所以，时间上的差异并不能说明能力上的强弱。心急吃不了热豆腐，水滴石穿，贵在持久。

【记忆趣闻】

全脑速读记忆的前身是快速阅读，起源于美国。1945 年，一位即将成为中学教员的女大学生爱维琳·伍德向她的教授递呈了一份长达 80 页的文章，请他对此进行评价。令她吃惊的是，教授很快就看完了全部文章，并且提出了中肯的意见。于是她决心做一番调查，她发现，那些具有快速阅读能力的人都具有以下特点：

1. 看书时，眼睛沿着文字中间从上往下看，而不是从左到右看。

2. 他们同时理解“一组词”，而不是像其他人一样“一个字一个字”地理解。

3. 他们很少回头看，从不停下来回头重新读一遍。

1961 年，快速阅读法的创始人爱维琳·伍德给美国的 12 位参议员教授了快速阅读法，从此这一学科在世界各国迅速发展起来。

放射性思考方法——思维导图

在这个信息爆炸的年代，人们用来获取知识的途径越来越多。随着大量信息的涌入，人们逐渐发现，如今的我们并不缺少知识，但却缺乏对知识的整合应用。

怎样才能快速将知识吸收？怎样正确地将知识转化为学习和工作的力量？时至今日，世界各地都有着各式各样的学习方法。本节将主要介绍一种已被充分挖掘的学习方法——思维导图。

思维导图是由“世界记忆力之父”托尼·布赞创立的应用于记忆、学习、思考的有效思维模式，是一种表达放射性思维的图形思维工具。

思维导图是通过带顺序标号的树状结构图来呈现一个思维过程的，是将放射性思考用线条和语言具体化的过程。它主要借助可视化的手段，促进灵感的产生和创造性思维的形成。

这种图文并重的技巧，把各级主题的关系用相互隶属与相关的层级图表现出来，把需要记忆的主题关键词与相对应的图像、颜色建立记忆连接，进而充分发挥我们左右脑的机能，利用记忆、思维、阅读的规律，协助人们在科学与艺术、逻辑与想象之间平衡发展。简言之，思维导图等于归纳与统筹的结合。

我们都知道放射性思考是人类大脑的自然思考方式，任何进入大脑的信息都可以成为一个思考的中心，不论是感觉还是记忆。

比如，文字、数字、符号、事物、味道、色彩、音乐、图案等，都可以独立地成为一个中心点，并由此向外散发出无数分支点。每一个分支点分别代表与中心主题的一个连接，而每一个发展而出的分支点又可以成为一个新的主题，进而继续向外发散，呈现出放射性的立体结构。而这些分支的连接，也就是我们个人的数据库。

例如，数学老师常提到的发散性思维，从一个点想到一个面。放射性思考方式其实也是一种由点及面的过程。问题的中心是点，而目的是要完整、全面地思考整个面。在想到一个主题时，首先将这个主题作为中心点，然后把关于这个主题最初想到的部分写下来，同时再根据由主题延伸出去的枝丫继续向外扩展，分别对每一根枝丫进行内容的填充和细化。而后再把这些要素继续往下剥离分拆，就这样把一个主题思考完整。

思维导图其实仅仅是一个工具，关键是将它带到各个领域当中去应用，因为形象具体和直观的事物要比抽象的语言更容易记忆。美国图论学者哈里有一句话，“千言万语不如一张图”，指的就是这个道理。

众所周知，如何最大限度地开发利用右半脑一直是科学界、教育界研究的热点课题。人类左右脑的各种技巧如果可以合理巧妙地综合运用，那将比彼此分开工作产生更大的效益。思维导图提供的就是结合左右脑的思维模式，有利于激发大脑的潜能，并使之平衡发展。不管是效率还是效果，思维导图都比传统的学习记忆方法更加有效。

它的本质是可以让复杂无序的问题变得简单，只要你用笔在纸上画出来，就可以准确而清晰地看到问题的全部，而且通过思维导图还可以轻松地在原有基础上对问题加以延伸。

既然思维导图作用如此之大，效果如此明显，那么它该怎么画呢？首先需要准备一张空白的纸和各种颜色的笔，之后依如下步骤操作：

1. 首先要明确主题，主题确定之后，用图画或者图像来表达。

2. 图像标注在白纸的中心位置，从中心开始绘制，记得将周围留出空白。

3. 绘制过程中，使用不同颜色的笔。绝对不要忽视颜色对视觉和大脑的冲击力，它远超出你的想象。

4. 将中心图像和主要分支连接起来，并用关键词去代替。然后把主要分支和二级分支也连接起来，以此类推。

5. 切记，思维导图各分支连接的线条要自然弯曲，而不要用直线。

6. 在每条线上清楚地标注出关键词。

7. 从头到尾使用图形。

无论你所研究的主题多么复杂，一定要保证清晰明白。每条线上只写一个关键词就好，不同级别主题的线条粗细要合理。而且要使用不同的颜色去突出重点，尽可能地使用丰富的色彩，字体和线条图形要多一些变化。在每一级分支之间进行连接的时候可以使用箭头去表示，同时注意整体布局。层次一定要分明，条理要清晰，多用数字去体现顺序。图形不用画得多么形象，但一定是简洁易懂的。

举个例子，如以“水果”为主题，将其画在正中央。然后画一些向四周放射出去的侧线条，这些分支代表着对主题的主要想法。在每一条分支上，写清楚关键词。这样当你再想到“水果”这个概念时，这些关键词便会从记忆深处跳出来。

现在，我们用联想来扩充这幅思维导图。

看看你在分支线条上所标注的关键词，如苹果。看到苹果这个词我们会想到什么？颜色？维生素？果酱？红富士？根据所联想到的这些事物，从每一个关键词里去放射出更多的分支。分支的数量取决于所能联想到的事物的数量，可能会很多。具体的数量根据你所研究的主题范围加以控制。

做完这些之后，不要忘记用不同颜色的笔去渲染它，尽量使用更多的图形和色彩。

如果你跟着这些步骤做完了第一幅思维导图，这时你会发现，在刚开始的阶段，你的思维树里已经写满了各种符号、图形、关键词和颜色。这些都能让你的大脑更加高效地运作。

思维导图的创始人托尼·布赞在思维导图的训练课程中，也为大家提供了 12 种记忆技巧，那么这些技巧与思维导图又有什么关联呢？

1. 五官通感：用视觉、听觉、嗅觉、味觉、触觉去感受所要记忆的事物，让事物通过五感的接触，完美地呈现在自己的脑海中。

这一条和思维导图的联系很明显，在绘制思维导图时，我们更多的是使用手绘的方式。因为只有在手绘的过程中，我们才有这五感的体验。因此手绘导图会让我们的印象更加深刻。并且在画图时，视觉随着我们所画的线条不断延伸，大脑也会被引导着进行相关思考，协助我们发现不同的内容，激发思维和创意。

2. 动作：具有生命力的东西更容易引发大脑的兴趣。

现在网络上有很多思维导图软件，使用方便、简单。但使用软件绘图，毕竟只是敲击键盘，而我们手动绘图时会有很多肢体动作，包括换用各种颜色的笔，我们的眼睛、手臂、身体都会随着线条的变化而移动，借助这样的方式来加深我们的肌肉记忆。

3. 联想：将有关联性的事物联系到一起，按照线索进行记忆，不但容易，且会使记忆数量变得惊人。

绘制思维导图时，联想起到了特别大的作用。看着不同的分支，我们会很自然地发现它们彼此之间的联系，并且通过连线和代码等方式予以标注。因为手绘图中的所有图形都是我们自己的原创，图像又是大脑的第一语言，所以手绘更能刺激大脑的联想力。

4. 性感：用健康的心态将“性感”和事物联系到一起，有助于引发兴趣，记忆当然更深刻。

5. 幽默：增加一些趣味性内容，有趣、荒谬、愚蠢、超越现实，用非理性的手法表现现实。

手绘过程中，我们的左脑和右脑是同时启动的，尤其是控制情感、创造、图像的右脑进入工作状态时。无论是代码还是图形，根据你自己的意愿，画得生动些、趣味些，自然记忆的效果就会更好些。

6. 影像化：想象比知识更重要，因为知识是有限的，而想象却能包容全世界。

在思维导图的绘制过程中，当我们需要用图像来帮助标记和记忆时，会很自然地依照自己的喜好或是一些经历来绘制。那么后期当我们再次看到那些场景或物件时，也就更容易唤醒我们对与之相关的事情的记忆了。

7. 数字量化：按数字编号使顺序及次序的排列更有针对性、更有效。

思维导图的关键词之一就是之前提到的数字的使用。特别是对于一些市场调查、任务安排等，数字在思维导图当中的意义非常重大。

8. 符号：特殊符号更醒目，能突出重点所在，强化记忆。

具有个性化色彩的符号与图形有着相同的作用，并且符号简单不复杂，个人特色明显，容易记忆。

9. 色彩：色彩斑斓，表达情绪，越是与实际生活接近的颜色越容易被大脑所接受。

思维导图本身就是一幅画卷。多姿多彩、图文并茂的形式有助于增强我们的理解和记忆。

10. 顺序：按照顺序的排列，有助于思维的连贯性。

在思维导图中，顺序与数字标识异曲同工。依照分门别类和分支内容的细分顺序，循序渐进，稳步加深记忆。

11. 积极：积极愉快的意向使大脑乐于工作。

不管多么消极或者是悲观的事情，利用思维导图，我们总能对事情作出正确分析，看到事情积极的一面。

12. 夸张：夸张的效果总能使事物凸显出来，在大脑中留下深刻的印象。

夸张的描述或是夸张的图形，总能让你的思维导图变得生动、鲜活，当思维导图在大脑中成为立体影像，那么记忆也会随之加深。

以上就是思维导图与12条记忆守则的关系。坚持使用思维导图，不仅能提高我们的记忆力，同时也增强了理解力、创造力，间接培养了我们的全局观。

看待事物要抓住重点与关键，训练记忆力也是一样。一幅完整的脉络图印在脑中，还怕记不起来什么呢？

【记忆趣闻】

很多人在悲伤难过的时候都会想，有没有什么方法可以抹去那些让人痛苦的记忆？

来自荷兰的一支团队正在为此努力，他们通过电痉挛治疗法来清除病人不愉快的记忆。他们为病患提供创伤性治疗，目的就是使病患忘记那些令人不快的事情。这支团队在一段时间内为42名抑郁症患者进行了实验治疗，效果很明显。只是电痉挛治疗法本身极有可能造成癫痫后遗症。

2013 年年初，人们还仅仅停留在搞清小白鼠记忆的阶段，没想到几个月后就已经在人类身上取得实验性成功，不得不承认这是一次突破。

研究人员为了确保治疗的有效性，他们在实验中给被试观看了两段令人不快的视频，一段是关于车祸的，另一段是血腥事件，然后留出时间让被试努力回忆其中的某一段，接着接受电痉挛治疗。过了一天之后，研究人员对被试进行了多项记忆力测试，最终发现接受了电痉挛治疗的测试者在记忆重组方面表现很弱，无法完全记住两段视频的内容。

所以，这项技术的核心是阻止记忆重组，而不是将人类的记忆完全抹去。

怎样做一个学霸——超级学习法

美国纽约华尔街10号的“超级记忆法有限公司”和保加利亚的罗扎诺夫学院都在推广一种学习法。

据说日本长野吉田高中应用该方法后，学生的平均成绩提高了20分。日本东海大学的关英男教授用这种学习方法使180名短期大学的学生在两年内获得了与四年制长期大学的学生相匹敌的学历。如果使用这套记忆法来记忆英语，13分钟便可以轻易记住100个生词。

这就是由罗扎诺夫博士创造的记忆方法——超级学习法。它以其高效率和多方面的功效，成为目前世界上最优秀的学习法之一，世界各地现在都在推行这套学习法，并称之为学习的革命。

超级学习法的学习效率非常高，所需时间只是一般学习时间的1/3。并且在学习中，无所谓智商的高低以及是否有学习经验，所有的学生都能轻易地掌握这种方法，而且记忆过的内容经久不忘。

这种记忆方法无疑是非常优秀的，一问世便受到了东西方国家的广泛关注。美国的两位女记者希拉·奥斯特兰和林·休劳塔曾经专门撰文向美国人进行推广介绍。

虽然这种学习记忆法在全世界范围内推行，但收获最大的无疑是使用盒式磁带来推广超级学习法的日本。

日本长野吉田高中的宫嵜老师报告说："同一个教师所任课的不同班级，使用了超级学习法的班级比其他班级平均分要高出 20 分左右。"1985 年 7 月，长野县立丰科高中的浅川良雄老师在福冈召开的全国语言学研究大会上曾详细报告了使用超级学习法的程序及内容，并称所记忆的内容即使经过 4 周也不会遗忘。

这种学习法可以用来教授任何科目的知识，尤其是学习基础的课程特别管用，包括像需要记住大量不熟悉的名词和名称的学科，如解剖学、地理学、生物学等。在记忆英语单词以及数学公式方面，这种方法效果也很显著。

这套超级学习法大体分成了两个部分，每个部分都有相对应的学习阶段。第一部分是将学员的精神引导到松弛状态，使学员在大脑呈 α 波的状态下，最大限度地提高学习效率和记忆力。第二部分则是处在这种状态下，按照一定的节奏去进行记忆。

α 波是四种基本脑波之一，我们通常所指的潜意识状态就是指人的脑波处于 α 波时的状态。α 波是连接意识和潜意识的通道，是有效进入潜意识的唯一途径。它能够加速信息的收集过程并增强记忆力，是促进学习和思考的最佳脑波。

第一阶段是消除身心紧张情绪。由呼吸法、身体松弛法和心理松弛法构成，掌握了这几种方法之后，就能够在需要的时候保持精神集中。

1. 呼吸法：人类的腹腔内有很多器官，这些器官都可以接收不同节奏呼吸的刺激。内腔受到舒畅而有节奏的呼吸刺激时，通过中枢神经传向大脑，刺激并增强大脑的一些潜在功能。

2. 身体松弛法：开始让身体的各个部位先用力，使肌肉紧张起来，然后一边呼吸一边消除身体的紧张感觉，消除紧张后的部位便会有松弛的感觉。随着这种放松感，有意识地让自己的心理也变得轻松愉悦。

3. 心理松弛法：对不同的人来说，使用象征性的心理松弛法比身体松弛法的效果要好得多，也更简单。穿着舒适的衣服坐在椅子上，闭上眼睛，均匀而有节奏地呼吸，同时给自己积极的心理暗示，如在脑中构想一幅惬意悠闲的画面。以倒计时的形式逐渐改变自我暗示的场景和画面，直到时间由 10 到 1 结束，这时睁开眼睛你会发现身心的紧张感完全消除了。

第二阶段叫作感受平静的反应。随着前一阶段的训练，身心松弛所出现的瞬间平静反应，主要表现为手掌心和腹部微微发热，额头发凉的感觉，表明大脑在释放 α 波。

这些感觉都是主观性的东西，可能在实际感觉中每个人都是有差异的，也会出现一些不同于以上感觉的现象。

第三阶段是视觉映像 α 波强化法。单纯感觉身体各个部位的反应会比较枯燥，而配合使心情平静的映像训练，可以有效地增强 α 波的效果。

第四阶段则只依靠意念进入 α 波状态。在 α 波状态最佳时，意识和潜意识被有机地结合在一起，各种信息输入在潜意识中便可留下印象。与此同时，这种练习也可以应用在自己的奋斗目标上。

这些肯定性的暗示不仅对学习和记忆有帮助，而且对身体健康和未来在人际关系处理方面都能发挥作用。

其实，罗扎诺夫博士的这套超级学习法的主要依据是暗示法，在心理学上叫作自我催眠。

在学习外语的过程中，大脑思维活动和情感在同时发挥作用。如果在学习外语时可以刺激左右脑同时运作，并能使有意识活动和无意识活动紧密联系，效果就会很好。

暗示法的创新之处就在这里，它是通过集中无意识中所得到的信息达到增强记忆的目的，同时还营造了轻松的气氛。在这种和谐的环境里，学生的紧张心理消除了，心情愉悦且放松。这种充满乐趣的环境，可以激发学生的超级记忆能力，从而增强记忆的效果。

罗扎诺夫博士认为，人的能力几乎是无限的，人类在无意之间会记住很多东西。当阻碍思维的因素消除后，人的记忆力就会大幅提高。超级学习法是“用减法来做加法”，也就是说，用消除学习者的恐惧和对自己能力的怀疑来改善学习的效果。他解释说，人类所接收的一切信号，无论是听到的、看到的、感觉到的，都会在大脑中留下一个印记，即使主观上已经无法再回忆起来，但是这种痕迹依然长期存在。而他所创造的这种方法，恰恰就是要启发人们去回忆这些记录在头脑中的信号。当人体处于全身放松、接近睡着的状态时，人脑的学习和接受能力就会变得比平常要大得多。

而且罗扎诺夫博士通过研究后发现，欧洲巴洛克时期的部分音乐作品当中，居然有一份“秘方”，对学习和记忆有着非常神奇的效果。

巴洛克音乐每分钟大约是60拍，和人类的脉搏以及呼吸频率是大致相同的，可以使我们的呼吸和脉搏随着这一节拍趋于稳定。而且巴洛克音乐的低振幅、低频率又可以诱发增强我们大脑中 α 波的出现，并促进脑内吗啡的分泌，使大脑进入最活跃的状态。

但这并不意味着听音乐就能增强我们的记忆力。其实，罗扎诺夫博士只是采用了心理学上的暗示法，并且结合了特定的音乐来进行记忆力的强化训练。说巴洛克音乐对学习起作用，实际上是指人大脑的学习脑波——α 波在起作用。

人的大脑在感觉到厌烦或者恐惧的时候会处于紧张的状态，有很多平时学习不错的人一到考试就发挥失常，这都是因为大脑过于兴奋、紧张造成的。所以这里的巴洛克音乐只是作为调整我们的状态，放松心情的手段，以便于对自己进行心理上的积极暗示。

人们焦躁不安的时候注意力很难集中，记忆力也明显不如正常状态。那怎样才能使大脑进入 α 波状态呢？

经过研究，罗扎诺夫博士发现，一部分50～70拍的巴洛克音乐有这样的作用。博士用这种音乐进行外语的教学，创造了一个震惊教育界的奇迹：学生一天学会了1200个外语单词，平均记忆率为96.1%。

这就是罗扎诺夫博士所独创的两套记忆力方法。记忆力的锻炼并非一日之功，若想有所成，还需多下苦功。

潜意识的拍立得——图像记忆法

大多数准备学习记忆术的人都有一个想法，他们期望自己在掌握了记忆术以后，无论记什么都会比以前更有效率。学业上一路高歌猛进，四六级迎刃而解；职场上精明善记，一应事物俱在脑中清晰排列。

在许多人的观念中，只要学习了记忆术就可以全面地提升记忆力，这其实是不现实的。记忆力的训练只能通过改变记忆方式进而提高记忆力，但它并非灵丹妙药，可以使人立刻掌握一目十行、过目不忘的本领。不过我们可以学习科学的记忆方法来提高自身记忆力，如图像记忆法。图像记忆法最大的特点就是，它对记忆力的提高是非常有针对性的。

记忆英文单词、数学公式、中文资料的方法是不同的，虽然它们都是运用相同的记忆原理，但实际上，记忆不同的专业知识是需要不同的记忆方法的。而这种针对性，也往往被很多人所忽略。

图像记忆法也是记忆术的一种，它是目前最合乎人类大脑运作模式的记忆方法，是以联想作为手段的记忆方法。它的记忆原理有四大步骤，包含了各种基础的记忆方法。灵活地使用这些方法可以更好地帮助我们去记忆不同领域的知识。

比如，你可以3分钟记住一副扑克牌，但不一定能记住一篇文章；你可以一天掌握千百个英文单词，但面对一些条文细则可能又无能为力。这正是我们没有掌握或灵活运用不同记忆方法所造成的结果。

图像记忆法的原理是要把原本陌生的信息通过联想转化为熟悉的图像，然后像看电影一般在脑海中重新浮现。就像我们在外看风景的时候，眼睛可以同时摄入大量的图像素材，并且可以在很短的时间里记录下来。可如果我们换成用耳朵去听呢？虽然可以听到，但是当声音来自不同方位时，我们的大脑只能保留少许的片段。

图像记忆法比一些传统的记忆方法多了些步骤，如图像转化、图像联结、图像简化以及图像定桩。

转化和联结的步骤是必要的，因为无论记忆什么资料，都必须要用到这两步。我们需要先把记忆的内容通过联想转化为熟悉生动的图像，然后再把一幅幅图像通过某种方式联结起来。在转化图像的过程中，我们也要学会灵活地使用一些方法，如谐音法、替代法等。

做好这两个最基本的环节之后，接下来要考虑的自然是记忆的效率问题。在刚开始进行图像记忆的时候，可能效果还不如死记硬背。但任何事物都有个循序渐进的过程，掌握图像记忆法也是如此。

下面，我们来详细地看一下这四大步骤：

1. 图像转化

图像转化就是把你要记的东西转化成图片。

我们需要记忆的材料是不同的，有具体和抽象之分。比如，“馒头”“火车”这种词语，我们一看到词，脑子里就会自动想象出具体形象来。但是碰到像“悲伤”“孤独”这类词语呢？是不是就无法直接想象出来了？

这里就要用到一些方法，把这些抽象的词汇转化成具体的图像了。抽象词转化为具体图像常见的有两种方法，前文提到过：谐音法和替代法。比如，数字16，我们可以通过谐音“石榴”来转化图像；比如，“失落”这个词，我们可以用一个落寞的QQ表情来表示。

2. 图像联结

顾名思义，把你之前所想象的一幅幅图像联结起来，用放连环画的方式，将它们串联在一起。

比如，“狗”和“包子”，我们先用图像转化的方法把它们变成活的图像，但只有图像没有联结是没用的。所以我们还需要把它们联结在一起，如这样想象一下：“小孩拿着一个热气腾腾的肉包子砸狗，狗叼起肉包子撒腿就跑。”这样一想，是不是整个画面就清晰了起来？这样结合为一个整体，记忆起来也就很深刻了。

转化是图像联结的前提，而联结则是图像记忆法的基础，二者缺一不可。

3. 图像简化

图像简化又叫图像整理，就是把大脑中杂乱无序的记忆图像按照一定的顺序或者是编码整理成一串比较好记的画面。

简化的目的其实就是把形成图像的记忆材料用更好的联结方法去记忆。有时候可能我们对于记忆材料的图像转化过于复杂，或者是在联结的时候太烦琐，这样反而会导致我们记忆不清。所以，简化我们的图像联结也是很重要的。

4. 图像定桩

通过定桩法来记忆一些比较复杂的材料。

定桩法是指把具有一定秩序的事物引申出来，用作记忆的钩子，并和要记忆的内容建立起联系的方法。例如，房间的摆设布局、身体器官部位，等等。

除了我们需要记忆的对象之外，还要再加入一些工具来帮助记忆，这些工具就叫作桩。常用的记忆桩子有数字桩、地点桩、身体桩、语句桩等。多米尼克在记忆扑克牌时，使用的就是地点定桩法。

记忆力本质上来说是一种机能，是需要训练的，方法是训练的基础，掌握了方法，再慢慢去实践训练，这才是完整的过程。

方法掌握之后，想要更好地运用出来，这就面临两个选择：一个是通过各种记忆力训练来帮助自己快速掌握；另一个就是将其直接应用到自己的学习生活工作中。

我们把各种记忆力的训练称为记忆体操，要想更加熟练地使用，那就要进行记忆体操的训练。比如，给自己规定一个时间去记忆一组无序数字，用一个月的时间掌握两分钟熟记扑克牌等。

这种训练方式可能与我们的生活工作无关，纯粹是训练。所以对于很多人来说并不实用。这种训练唯一的好处，就是可以帮助我们更加快速地进行想象，把不相关的图像紧密联系在一起，且对于记忆方法的掌握有很大的好处。

而第二种实践方法是大多数人的首选，因为这些人并无意去争夺世界记忆大师的头衔，仅仅是希望可以提升自己学习和工作的效率。但将图像记忆的方法运用到专业领域，会有一个让人痛苦的摸索过程，不过，只要经过了这个过程，便能够进入对图像记忆方法运用自如的境界，可以很轻松、快速地记住自己所学习的专业知识。

最后再介绍一种图像记忆法中常用的技巧：罗马房间记忆法，又称“大量数据记忆法”，是罗马人在希腊人研究的基础上发展出来的记忆术。我们可以把它看作图像简化的一环。其原理就是让需要记忆的材料来跟转化的图像做联结。这种方法用于大量数据的记忆，目的是让各图像间能够有所区分，不至于混淆。罗马人很轻松地构建了这种记忆方法，他们想象用尽可能多的家具去堆满房间，通过定桩联结，把每件家具和每个需要记忆的材料联结起来。

这种方法特别适合用于检验左右脑皮质层功能和记忆方法的应用情况，因为这种方法需要精确的结构和次序以及大量的想象和联想。其好处在于可以把任何奇妙的东西放入这间自由想象的房间。比如，你满意的各种事情、各种家具以及你在现实生活想拥有的各种艺术品等。使用这种方法的另一个好处是，如果你开始想象你要占有房间中的某些东西时，你的记忆和创造性的智慧将会以你实际取得这些东西时所用的方式使意识协调地运动起来，从而增加最终记住这些东西的可能性。

总之，房间记忆法的使用就是交给你一把大脑档案库的钥匙，里边储存的是所有记忆资料转化的图像。当你需要这些图像时，只要走进你的记忆房间，去那个你放置它的地方，取出来就好了。

多米诺骨牌效应——链接法

记忆的基本原理就是想象和联想，它是由古希腊人发明的一种极为简单易行的记忆方法。非常简单，如果你想要记住一些事物，只要把需要记忆的素材和某些已知的确定事项进行联想链接。同时启动你的想象力，你在记忆中使用的想象越生动有趣，记忆的效果就会越好，想象是记忆的基础。

链接法在某种程度上讲，和图像记忆法有异曲同工之妙。只是使用链接法的重点不是在脑中呈现图像，而是将大量的记忆材料串联成一个完整的故事。

用已知的事物去串联未知的事物，就产生了谐音、桩子、代码、图形、分类、归纳和对比等多种联想与形象链接的方法。

但如果我们只有将联想和形象链接的想象能力是远远不够的，还需要很好的转化力。是不是和图像记忆法的原理很像？把联想的事物和链接的事物通过一些有趣而生动的故事情境结合起来构成转换语句，这才是链接法的重点。

我们来进行一个实验，先随便列出几个词语，如钢琴、小偷、保险柜、戒指、雨水，我们该如何给这 5 个词语建立起联系呢？

这样想象一下，在一个大雨滂沱的夜里，小偷溜入室内准备行窃，突然听到了一阵舒缓的钢琴乐曲，他来到传出钢琴声的房间，看见了一个巨大的保险柜，打开保险柜发现里边放着一枚戒指，折射着耀眼的光芒。

切记一点，在我们进行联想链接的过程中，不需要加入过多的细节，以免给自己造成混淆。这种练习越多，也就越容易记住自己所想象的场景。在熟练地完成这样一次联想之后，你就会很容易记住这些词语。

如果不使用链接法，只是通过简单重复地背诵也能轻易记下这些词语，但难免遗忘。而链接法却可以使记忆的时间更持久。把一些词汇串联成一个小场景并不复杂，更为关键的是，我们可以把那些本来毫无关联的信息上下联系起来。这样将其放置在一个特有的小故事当中，让我们更加容易记忆，并且记忆所用的时间肯定要比枯燥的复读少得多。

在我们将链接法进行应用的过程中，肯定会遇到更多的词汇。这个时候一定要记得，你所联想的故事尽量使用第一人称，这样会让你有一种身临其境的感觉。除此之外，尽量多地去使用感官，让故事更真实、更生动。在串联场景中，你会看到什么？听到什么？去什么地方？你想象得越鲜活，这个故事就越丰满，所需要记忆的资料也就越深刻。

当你将自己置身于一个故事或场景中时，你会对虚构的一切产生感情，并且感觉到它的真实。科学证明，人类的神经系统其实无法分辨真假。哪些东西是想象出来的，只有自己知道，欺骗自己的大脑其实很简单。

可能会有人担心，认为自己没有编故事的天分，怕记不住自己想象的东西，无法使用这种记忆方法。这些顾虑都是多余的，只要想象的故事是合理、符合逻辑的，同时也是自己感兴趣的就可以了。

需要注意的是，使用链接法记忆时要记得你所想象的故事顺序。最简单的办法就是按照词语的顺序去编故事，故事的本身应该有一定的逻辑性和趣味性。如此这般你才能在记住词汇的同时也记住排序。如果在回忆的过程中忘词了，那只能说明这个词汇在故事中并不清晰。没关系，重新换个故事就可以了。

不管是套用你喜欢的电影还是动漫，或者是自己的亲身经历都可以。不用去考虑时间、空间的限制，只要觉得有趣，根据你的直觉去架设，别给自己设置难度，故事简单明了就好了。

激烈而不失优雅——争论记忆法

记忆力的训练在很多时候单靠我们自己是不行的，我们需要与人沟通、交流、互相吸取经验，甚至激烈地争论。这里说的争论并非吼叫或大吵大闹，而是通过和其他人对识记材料进行争论探讨，以强化我们自身的记忆。

在我们进行争论或者辩论的时候，双方都会处于精神高度集中的状态。一方面我们全神贯注地听取对方的意见，同时我们还要在脑中对其所提出的意见进行分析，寻找错漏和精华。另一方面我们还要积极思考，思维全速运转，针对对方的意见提出自己的看法，阐述我们自己的观点，并且通过对比得出一个更好的结论。

在这种大脑高速运转、精神高度集中的状态下，很容易对信息留下深刻的印象，从而帮助我们加深记忆。

争论是一种很有效的方法，它可以帮助我们自己检查记忆的准确性。在双方或多方争论时，可以暴露出错误，而后纠正错误，从而形成正确的记忆。而且，我们识记的信息也可以在互相阐述观点时得到检验和应用，在我们各自纠错、求证的过程中得到进一步巩固和强化。

比如，我们经常可以看到的辩论赛，正反双方的辩手都情绪激昂地陈述着己方的观点，并且从对方的论述中找到一些突破口和切入点，从而进行反驳与论证。争论双方会通过对方的言论和知识开阔视野、拓宽思路，最终无论哪方取得胜利，双方都会受到启发并获得收获。在注意力高度集中的时候，我们听到的任何新观点或者是新论据，都是一种强烈的刺激，哪怕是我们自己的观点被对方驳斥得体无完肤，也都会给我们留下异常深刻的印象。

不过，在我们用争论来强化记忆的时候，应该要明确并注意一些问题：

首先，我们不是来吵架的，动机一定要正确。我们争论的目的是通过多方面的观点和意见明辨知识的准确性，在此基础上加深自己的理解和记忆，而不是为了争抢发言权、用语言去压倒对方，更不能出现言辞过于激烈、最终导致争吵谩骂的情况，这样就得不偿失了，并且违背了我们通过争论而加深记忆的初衷。

其次，调整好自己的心态。争论的重点在于“论”而不是“争”，在讨论的过程中，保持善意平和的态度，不要因为观点的不统一而失去风度。我们在勇于阐述自己观点的同时，也要允许别人发表意见，哪怕是错误的，绝对不能固执己见。

最后，需要注意的是，选择正确的方法，切忌跑题。争论中围绕主题，发表各自的观点和意见，不要跑题，也不要离议题太远，范围牵扯太广，否则很难得出正确的答案。同时，在争论中要保持独立思考，要有自己的见解，不要随波逐流、人云亦云。

信手拈来，朗朗上口——口诀记忆法

看身边的同学都在精神抖擞地学习，素有“豪情壮志”的你也不好意思偷懒，硬着头皮背了一段日子，好不容易把所有知识点都过了一遍，但是自我检测时却发现不是丢三落四，就是张冠李戴，完全是一堆“剪不断理还乱”的乱麻，最后盯着镜子里的一张苦瓜脸怨叹：记住之难，难于上青天！

在背诵和记忆时，我们首先想到的是划分类别，然后找出关键点的方法，如对于一个历史事件，我们往往会从背景、内容和影响三方面入手。遗憾的是，这种方法并不是万能钥匙，用来处理那些单个的具体知识点还算适用，一旦遇到需要相互穿插串联记忆的内容时就会捉襟见肘。为了解决这些记忆上的问题，口诀记忆法应运而生。

口诀记忆法，简单来讲就是把识记材料改编成通俗易懂的口诀，将知识性与趣味性融为一体，使识记的材料在读起来朗朗上口的基础上，变成口诀、顺口溜或者其他韵律感较强的句子，激起识记者的兴趣，以此达到提升记忆效果的目的。

实践证明，节奏感强、朗朗上口的识记材料，比那些没有节奏感和韵律可言的材料好记很多，而且还能训练我们的全局思维，既提高了对知识点进行整体把握的能力，又有助于我们在实践中熟练运用。

在记忆历史知识时，对于那些“你方唱罢我登场”的缤纷朝代，用口诀来串联记忆就显得比较方便，因为这样不仅不会出现遗漏，而且记起来也比较得心应手。在有心人的编排下，历史朝代顺序成了一则极为顺口的口诀：一尧二舜夏商周，春秋战国战不休，秦汉三国晋统一，南朝北朝是对头，隋唐五代又十国，宋元明清帝王休。

而对于地理知识的记忆，也涌现出了这方面的“专家”。比如，有人将零星散落在一年中的二十四个节气糅合成了一首二十四节气歌：春雨惊春清谷天，夏满芒夏暑相连。秋处露秋寒霜降，冬雪雪冬小大寒。每月两节不变更，最多相差一两天。上半年来六廿一，下半年来八廿三。

口诀记忆法在理科上也有用武之地。比如，有人就气体制备实验的相关知识编了一个极为适用的口诀：气体制备首至尾，操作步骤各有位，发生装置位于头，洗涤装置紧随后，除杂装置分干湿，干燥装置把水留。集气要分气和水，性质实验分先后，有毒气体必除尽，吸气试剂选对头。有时装置少几个，基本顺序不可丢，偶尔出现小变化，相对位置仔细求。学过化学的同学，看到这些应该是满满的回忆。

除此之外，口诀记忆法也是学习英语语法的大功臣。比如，英语时间名词前介词的用法：年月周前要用“in”，日子前面却不行。遇到几号要用“on”，上午下午又是“in”。要说某日上下午，用“on”换“in”才能行。午夜黄昏须“at”，黎明用它也不错。“at”也在时分前，说“差”可要用上“to”，说“过”只可用“past”。多说多练牢牢记，莫让岁月空蹉跎。

而口诀记忆法在记忆语文上的九种复句时也有妙用：因选解说员，急得团团转，请君递假条，承情一并传。要一口气将九种复句列举出来并不容易，但借助口诀则易如反掌。第一句指因果、选择、解说，第二句指转折，第三句指递进、假设、条件，第四句指承接和并列。

口诀记忆法的魅力，可谓风靡各个学科。所到之处，引得老师和学生纷纷点赞。方法虽然简单,但是我们需要找出其中的“诀窍”，如此才能让其更好地为我所用。从上面所提到的那些口诀中，我们不难发现它们所共有的特点：语言简练、有条理，句式整齐、通顺，韵律鲜明、有节奏，意思明确、趣味性强。

对口诀有了基本的了解后，我们就可以尝试着自己去编制。任何知识都有一定的规律，编制口诀也一样，口诀的编写，我们要遵循以下几个原则：

1. 个人专属。每个人都有自己的特点，编制口诀的时候，我们要尽可能地运用自己的用语习惯和识记方法，把所要识记的内容串联成有韵律的句子，最大限度地保持句式上的一致。

2. 趣味横生。内容有趣的口诀，更能吸引人，这样一来被动的记忆就变成了主动的记忆，记起来自然事半功倍。所以说编制口诀时，我们要向趣味横生的境界靠拢。

3. 缺一不可。也就是说，我们所编制的口诀要将识记内容的各个方面都涵盖其中，否则就会造成“一失足成千古恨”的结果。

4. 简明扼要。在所编制的口诀中，要最大限度地删减无关紧要的字词，出现在口诀中的知识点能多简单就多简单，不为记忆增加多余的负担。

接下来，我们来谈一下编制口诀常用的几种方法：(1) 概括法，上文所出现的“历史朝代歌”以及“气体制备歌”运用的都是这种方法；(2) 减缩法，“二十四节气歌”就是该方法的具体体现；(3) 发现特征，如英语学习中的“名词前介词运用歌”就是根据各个介词的不同，编制而成的；(4) 罗列法，如“九种复句歌”以口诀的方式，对每个句型的名称进行串联。

抓住细节，展开联想——细节记忆法

写日记是一个很好的习惯。日记可以把每天遇到的事情以及内心的感触记录下来，即使经过漫长的岁月，只要回头翻看一下日记本，就能够知道自己曾经经历过什么，有过什么样的体会。记日记的前提是人们要留心观察生活中的细微变化，并且对这种变化充满兴趣，才能够在不断探索新事物的过程中把生活过得更充实。细节记忆术就是通过观察生活中的细微之处来帮助记忆的一种记忆方法，而记日记则是细节记忆的有效方式。古往今来，许多名人都会把自己游历世界的见闻与感受记录下来，作为日后回忆的珍贵材料。

细节记忆法要求记忆者有良好的观察能力，能够准确抓住记忆对象的细节，并在此基础上进行记忆。如果一个人的观察能力极差，那么他的记忆能力以及记忆的质量也不会很出色，也就是说，观察是记忆的基础，经过认真观察得到的有效消息才是记忆的可靠保证。在这一点上，观察和理解有着异曲同工之妙，都是保证记忆准确的得力助手。

举例来说，英文单词 cap（鸭舌帽）和 cup（杯子）就非常相似，仔细观察后会发现，这两个单词唯一的差别就在于 cap 中间的字母是 a，而 cup 中间的字母是 u，这个细节的不同使得两个单词表达了截然不同的两种意思。所以，在记忆时，必须认真观察细节的变化，才能保证记忆的准确性，才不会把cap和cup混淆。

细节记忆法的运用还需要记忆者有丰富的想象力。记忆的过程不仅仅是对细节变化的细致观察，更为重要的是对观察到的内容进行记忆。通过发挥自己的想象力，把观察到的细节与某种熟悉的事物联系起来帮助自己记忆，这才是细节记忆法的核心部分。

同样是cap（鸭舌帽）和cup（杯子）的例子，上面我们介绍了细节观察的重要性，通过细节观察找出了这两个单词的不同之处，那么，接下来就是通过联想进行记忆的过程了：我们可以想象字母a的形状类似于圆形，好比人的头部的形状，而且cap是戴在头上的；字母u的形状类似于一个容器，而cup就是一个容器。通过联想，把这两个陌生的单词与我们熟悉的事物——头、容器之间建立了连接，如此，便能够准确而形象地记住单词的意思了。

在一档非常火爆的电视节目《最强大脑》中，前来挑战的人都是具有超凡记忆能力的记忆达人。在节目中，他们拿出了很多令常人无法想象的记忆“绝活”，如“辨骨识人”“辨脸识人”“辨识二维码”“碎片识画”“碎颜修复”等，无一不让我们瞠目结舌。其实，在看似惊人的记忆力背后，是他们细致入微、出神入化的观察本领在起着重要作用：记忆者们把要识别的对象观察到极致，抓住记忆对象的细节特征，每一个细节在他们脑海中都非常的清晰、明确，只要稍加联想就能回忆起来，从而在大脑中形成一张记忆内容的图像；而当记忆对象换了另一种方式出现在他们面前时，他们只需要对照脑海中的图像把每一个碎片放在原本属于它们的位置上即可。借助细致的观察力和非凡的想象力，把抽象的内容转化为具象的、熟悉的内容，这就是“最强大脑”的奥妙之处。

对于普通人来说，想要运用细节记忆法帮助记忆，就必须努力锻炼自己的观察能力和想象能力，正所谓“处处留心皆学问”，观察力和想象力的锻炼需要我们从日常生活中的小事做起。努力培养自己观察事物的能力，对生活中出现的事物积极主动地进行观察，并且抱有明确的观察目的，力求有所收获，养成善于观察的良好习惯；并且能够对观察对象展开联想，使之在大脑中留下深刻的印象。长此以往，对细节的观察能力和想象能力便能够大幅提高，自然就能够熟练运用细节记忆法来帮助我们进行记忆了。

第三章

3.1415926535
——如何记住单调的数字

挑战无限循环的π——形象记忆数字

现年31岁的英国德比市男子本·普利德摩尔被誉为“英国记忆超人”。他参加在英国伦敦举办的“英国记忆锦标赛”时，一举打破了3项世界纪录。他只用了极短的时间就记住了818位任意数，10分钟记住了7副扑克牌中每张牌的排列顺序，5分钟记住了由930个“0”和“1”组成的二进制码顺序。

他在英国家喻户晓，除了英国当地举办的赛事外，也经常在各大国家级和世界级的比赛中斩获惊人的成绩。

2007年8月到9月，普利德摩尔参加了世界记忆锦标赛，努力夺回由英国人创立的记忆冠军奖杯。该奖杯此前一直由英国人独霸，直到2005年，被一个20岁的德国巴伐利亚法律系学生克勒门兹·梅尔夺走，2006年，梅尔卫冕成功。英国人对本·普利德摩尔重新夺回奖杯寄予了厚望。但普利德摩尔本人在接受英国《星期日电讯报》采访时却说，自己其实是个“很健忘的人”。

这位记忆冠军经常忘事，甚至连自己曾经打破的世界纪录内容都会忘记。跟大多数人一样，他也常常在走进房间之后忘记自己要干什么。

他对《星期日电讯报》记者说：“我曾在1个小时内记住了27叠扑克，是去年在伦敦的……伦敦的哪个地方我完全记不起来了！”

就是这样一个对生活琐事时常健忘的人，却创造了多次世界记忆纪录。

而他在记忆扑克牌和数字时，就是采用了前面提到的图像记忆法。

他说："我把数字用方便记忆的图像表示出来，并把它们编成一个故事。给这些信息找到对应的图像，然后按照一定的路径串联起来。但是这个路径一定要方便记忆，要有转折和停顿。于是，当你需要调动数字或者扑克的信息的时候，将这些图像按着路径一一展示出来，就跟魔术师从帽子里抽出手帕一样。"

而且普利德摩尔认为，智商、海马区的特征跟记忆力没有多大的关系。在他看来，任何人都有记住经历过的事情的能力，但是谁会愚蠢到真的劳神费力地去记呢？

普利德摩尔记忆扑克牌和数字的时候有自己的方式，他在为看似无意义的信息设置图像的时候，是给每一张扑克都设置了一个特写，而不是给两张扑克的组合设置画面。所以，在他的长期记忆中，应该有 52 张扑克的固定图像。

身为记忆冠军的普利德摩尔明明在记忆力上显露出非凡的天赋，那为什么在日常生活中却如此健忘呢？对此，专家认为：他只是注意力不够集中而已。

世界记忆锦标赛，由 65 岁的托尼 · 布赞创立。布赞先生自创了"心智图表系统"，并在全世界各地演讲、出书，宣讲记忆方法，并在 1991 年，在伦敦发起了第一场记忆比赛。

对于普利德摩尔的健忘，布赞先生说：“只要普利德摩尔愿意，他完全可以记住人们的名字。人们遗忘的原因是，他们在一开始接触信息的时候，根本就没有集中注意力。”

如果我们在信息刚刚到达感官的时候，没有及时给予足够的注意力，那我们就不会对这些信息进行深入的处理，这个时候的记忆效果自然是很不好的。

本 · 普利德摩尔在记忆扑克和数字的时候，对接收到的信息进行了相当深入的加工，如他给没有逻辑关系的扑克顺序增添了画面以及故事，给无序的数字设置了便于记忆的图像。所以，他对这些信息的记忆非常出色。

那么，我们一起来看看，记忆冠军是如何做的。

不可否认，我们的生活离不开数字，需要我们去记的数字很多，身份证号码、银行卡号、电话号码、账户密码、生日、各种计量单位等。就算我们对成为一名记忆大师没什么兴趣，但也不可避免地要去记忆这些数字。

心理学家经研究后发现，人类的短时记忆平均一次大概只能记住 5 到 9 个数字。但并不代表这是极限。只要我们熟练掌握一些记忆方法，那么一次能记住的数字将远远超过自己的预料。

这个世界上有很多天生就对数字敏感的人，也有经过后天学习对数学开始着迷的人。在这类人的眼中，数字本身就是特别美的符号。

比如，本 · 普利德摩尔，他记忆数字的秘诀在于，把每个数字都变成了具体的形象，赋予每个数字不同的意义。这种方法我们称为“数字语言”。记忆数字也是由浅入深的过程，首先我们从一些简单的、较短的数字序列开始练习。

数字形象记忆的关键就在于根据每个数字的形状，把它们变成具体的形象。唯一要注意的就是不要给自己设置障碍，所赋予数字的形象对你来说一定要是最自然的形象。

数字只有 10 个，所以采用这种形象编码的方式特别简单。既然你可以把数字看成具体的形象，那接下来把这些形象用一个简单的小故事串在一起吧，相信这难不倒你。

例如，我们如果要记住 9527 这个 4 位数，首先给它们进行一下形象编码。将 9 比作一个带着绳子的气球，5 当作一只海马，2 看成鸭子，7 化成一根拐杖，然后，把它们串联成一段话：我在门口给孙子买了一个气球，然后去动物园看海马，回来的路上看到了一排鸭子过马路，结果把自己的拐杖弄丢了。为了给自己加深记忆，气球可以是喜欢的颜色，鸭子可以是餐桌上的烤鸭，拐杖可以是金属质地的。总之，怎么印象深刻就怎么想。

八届世界记忆冠军——多米尼克曾经为了记忆数字，埋头研究了很久，最终创造出了“多米尼克系统”。克莱顿 · 卡夫罗成功地记住了 20013 位圆周率。π 作为一个无限不循环小数，早就成了记忆高手们挑战的对象，多米尼克当时也进行了这样的尝试。对于多米尼克来说，想要记住重要的信息，就一定要将之转换为自己最容易记的形式。对他来说，英文字母要比数字更加好记。

他尝试了用记扑克牌的方式去记忆数字，先将数字变成字母，再把字母转化成形象。最后他想出了一个办法，可以将每5个数字变成一幅形象。多米尼克在仔细地观察了小数点后前15位数字之后，给每个数字配了一个字母，然后用字母组成一个单词，最终把所有单词串联成一个完整的故事。

当然他也遇到了一些问题，如最初那15位数字在编码之后变成了这样：238462643383279，即BCQDOBOMCCQCBPI。多米尼克必须充分调动自己的想象力，才能用这些凌乱的字母编成一个故事。

为了按照准确的顺序记忆这些数字，多米尼克创建了一条从他家的房子到村庄、教堂、小山，最终到小镇的路径。把每一组的5个数字转换的图像放置在沿途的记忆桩上，直到最后他在一条连续不断的路径上设置了820个记忆桩，这才成功地记住了π小数点之后的4100位数字！

多米尼克系统的关键在于给每个具体的数字分配一个具体的字母，然后按照特定的顺序把配了字母的数字分成组合，每个数字只对应一个字母。

根据之前记忆扑克的经验，多米尼克发现，和物品相比较，人名更容易被记住，所以他把数字按照顺序所组成的字母与一些人名联系了起来。这样一来，在看到某组字母之后，他都可以轻而易举地将这组数字变成他想象中的对应的一个人。

想用这套多米尼克系统快速记住更多的数字顺序，那么就需要更多的编码来记住这些组合，同时也意味着需要更多的人名。而且数字组合越多，人名也会越多，这时候单凭对人名的印象是不行的。要想记得牢固，最好给你所使用的名字赋予一个职业或者是特征。这样会更容易记忆，而不至于因为人员过多而混淆。

将你转化出的人物形象牢记，并且熟练地把它们配成一组一组的数字之后，就可以继续使用路径记忆法来记忆数字的排列顺序了。

不管是记忆有序的数字还是无序的数字，牢记，先将它们变成你熟悉的图像，再把它们串联起来。经常练习，时间一久，只要看到数字，你的脑海中就会自动闪过很多的图像和故事了。

【记忆趣闻】

实际上，路径记忆法早在古希腊时期就已经有人使用了。相传，古希腊诗人西摩尼得斯曾经参加一个宴会，其间他被前来找他的朋友叫出了房间，他前脚刚离开，整座宫殿就在后一秒轰然倒塌了，里面的人全部被埋在了地下。为了辨认出尸体的身份，国王叫来了西摩尼得斯，但由于尸体已经面目全非，西摩尼得斯只能根据每个人生前的座位来辨认他们的身份。后来，史学家们便把这种方法视为“路径记忆法”，并且很快就在希腊演说家中流传开来，因为他们发现运用这种方法可以牢固地记住大量演说词。

手机没电之后——熟记电话号码

在手机越来越智能的今天，似乎大部分人已经放弃了用大脑去记忆电话号码。很多人甚至连自己的电话号码都记不住，一遇到需要填写号码或者是朋友之间互留手机的时候，只能尴尬地输入对方的电话号码，然后拨打过去。

记忆电话号码是一件很无趣但又很必要的事情，手机终究是工具，总会有没电、丢失或忘记携带的时候。如果我们连自己的电话号码都记不住，在日常生活工作当中，肯定会遭遇诸多不便，甚至令人措手不及。

那么如何让自己的大脑运转起来，迅速地记住别人的电话号码呢？电话号码的类型和数字规律大致可以分为两类，一类是手机号码，另一类是固定电话号码。

首先我们来看一下常见的手机号码开头，分别是：130、131、132、133、134、135、136、137、138、139，一共10组。

因为这些号码是固定不变的，所以我们可以把它不变的部分，如“13”抹去，这10组号码可以被转换成数字密码表中的代码：00、01、02、03、04、05、06、07、08、09，分别对应望远镜、树、鸭子、耳朵、红旗、钩子、勺子、斧头、麻花、气球。

通过这样的转换，就相当于电话号码就剩下10位了，分成两个一组的话就是每串号码有 5 个图像。这样我们在看到一个电话号码时，首先将它转换成图像，再将图像串联为故事，如此一来便可轻松记住。

电话号码是固定不变的 11 位，很多时候我们完全可以采用谐音代码转换。借此来减少一些脑中的图像，用谐音和图像结合，在脑中留下更深刻的记忆。例如，46 可以转为“石榴”、47 转为“司机”、39 转为“酸酒”，等等。

谐音代码转换时一定要注意，在音似、形似等变换时，尽量选择图像的代码，变换时尽量选择自己熟悉的、便于记忆的顺口溜。顺口溜越夸张、越荒唐越好，这些都是可以使得记忆加深的窍门。

除了谐音代码记忆外，还有歌咏法和诗画法这两个小窍门，也可以帮助我们更轻松地记忆电话号码。

例如，广告结尾报热线电话时一个女声像唱歌一样唱道：400-8008-820。这个音调使人印象深刻。

我们也完全可以把某些特别的人的电话号码用一些喜欢的歌曲，或者是可以形容这个人的歌曲曲调唱出来。记忆术并不是闷在心里练成的，时刻不要忘记动动嘴。将你所在地区的开头号段隐去，剩下的那 10 位数字随便哼哼唱唱，不知不觉也就印在脑海中了。

而诗画法也是谐音代码的一种，就好比我们小时候学英语遇上很长的单词怕忘记时，就会用汉语发音去标注是一样的道理，说到底，电话号码就 11 位，我们连海量的单词、数字都能记住，还愁记不住电话号码吗？

【记忆趣闻】

世界上有很多因为意外事故导致记忆力严重受损的人，同样，时不时地也会出现一些记忆力天生就非常出色的奇人。

美国男子布拉德·威廉姆斯就是这样一个人，他的大脑堪比谷歌，几乎收录着从他出生以来经历的所有事情，甚至连当天的天气都记得一清二楚。现年 51 岁的威廉姆斯是一家电台的新闻播音员。他可以清楚地记起自己参加工作的日子是哪一天，当天天气是多云还是雷阵雨。他还可以记起百老汇摇滚音乐剧《头发》首演是在 1968 年 4 月 29 日，他的祖父是在那一天去世的；而美国女歌星卡斯·埃利奥特死于 1974 年 7 月 29 日，那一天他正和父母驱车穿越黄石国家公园。

他并不清楚为什么自己会有异于常人的记忆力。他说有一次自己和父母一同看度假照片时，他不仅能回忆起旅行中的精彩部分，还能说出住宿的旅馆名字，午餐在哪一家餐厅，点了什么食物这些细节。

研究人员对此很感兴趣，他们将威廉姆斯的超常记忆力称为“超常记忆综合征”。后来神经学家也参与进来，开始对威廉姆斯的大脑进行研究，并且希望能够找出威廉姆斯拥有超常记忆力的原因，从而找到增强记忆力的方法。

千万不要迟到——重要约会日程

我们常常会遗忘重要的日子。有的忘记了女朋友生日，有的忘记了结婚周年纪念日，有的忘了面试时间，有的人约好下午三点碰面，最后却是傍晚才悠悠走来。这种现象在每个人的生活中都时有发生。

其实，记住约会日程并不难，跟上节说到的电话号码一样，只是我们在传递或接收信息时并未给予足够的注意。

这些约会日程的记忆无非就是几月几日和几点几分，写在纸上也就是极短的数字。如果我们不想费力记录在备忘录中，那就只能把它记在大脑里了。回想一下前几节中介绍过的方法，把这些意义不同的时间日期通过记忆术牢记下来，并不困难。

无论是纪念日、生日、节日，还是列车时刻、约会、会议时间，其实都可以用记电话号码的方式来记忆。

在使用多米尼克系统时，先选定与你要记住的时间有关联的人，通过这个路径进行联结。也就是说，我们首先把日期简化为数字，再使用与这个日期有关的人的动作或道具进行标记。这样一下就把烦琐的日程简化了。

比如，12 月 4 日，就可以转化为 12.04。上节说过，你应该有一个自己的数字编码，比如 12 就可以用 AB 表示。AB 可以是一个你喜欢的明星首字母缩写，也可以是中文缩写。例如，AB 的代码是阿宝，他的典型道具是白毛巾，04 的首字母对照是 OD，人物代码是欧弟，典型动作是讲话。这就很容易联想到阿宝戴着白毛巾和欧弟在讲话，这样一来就能轻松记住这四个数字了。

你可以让一个人戴着另一个人的道具做动作，也可以两人各自完成自己的动作。这样的方式看似比那短短的数字复杂，但实际上，脑中有一个故事要比一串冰冷的数字更加生动。

做个博学的人——历史上的今天

美国心理学家威廉·詹姆士曾说："记忆的秘诀就是根据我们想记住的各种资料来进行各种各样的联想，而这些联想就成了各种资料的钓钩，万一资料沉没脑海，我们就可以通过联想这样的钓钩将资料钓出来。"

还是联想，在记忆法当中，联想占据了最重要的地位之一。

前文所述多米尼克系统和记忆三要素就包括联想、地点、想象。将这些方法融会贯通，便可以记住 20 世纪任何一年里发生的重要历史事件。方法依旧是将日期转化为数字和人物，再将人物和具体事件联系起来就可以了。

首先将日期替换成数字，接着使用多米尼克系统，也是将数字转化为人物。然后根据对所要记忆事件的描述，将事件在脑中转化成图像。通过想象把人物和事件图像联结成一幅画面。这样，时间和事件就完美地接洽了。

在进行这一系列记忆的过程中，多米尼克系统的熟练掌握是必需的，可以根据自己的喜好习惯自行设计系统，只要最终的结果能牢记就可以。

比如，1912 年"泰坦尼克号"沉没。19 可以无须记忆，只要想办法记住 12 就好。12=AB 代码为鳌拜，典型道具是清朝官服，事件图像是巨轮在汪洋之上缓缓下沉。那就可以想象成这样：鳌拜穿着官服站在甲板上，随着巨轮一同缓缓沉没。

这样一来画面感是不是瞬间就清晰了？不用管它是否合理，越夸张越好，只要能印刻在你脑中。所以当我们看到“泰坦尼克号”这几个字时，脑中自然就会涌现出这幅奇怪的画面。而这幅图像向我们传达的信息就是——1912 年，“泰坦尼克号”沉没。

这类记忆训练其实充满着乐趣，既能锻炼记忆力，又可以发散思维，让我们的想象力跟着大脑活动起来，同时不知不觉地装进这些知识。不管是中国的历史事件还是世界的历史事件，都是一个道理，只要牢记自己的多米尼克系统，随时随地运用联想和想象的方法，遇见任何信息都可以进行套用。

除了多米尼克系统的联想记忆方式，我们还可以穿插着采用一些其他小技巧。例如，对照记忆法、推算记忆法、比较记忆法等，这些记忆法在记忆中国历史大事件时相对也会更加实用一些。

对照记忆法又可以分为同一年代的对照和同样年数的对照。通过对照的方式来加深记忆，看到这个就可以想起另一个。

同一年代的对照：如公元前 594 年，鲁国实行“初税亩”，雅典梭伦改革；1861 年，太平天国安庆失守，曾国藩建立安庆军械所，俄国废除奴隶制，美国内战开始；1864 年，太平天国失败，《中俄勘分西北界约记》签订，第一国际建立。

同样年数的对照：755 年至 763 年的安史之乱、1775 年至 1783 年美国的独立战争、1937 年至 1945 年中国的抗日战争等，都是经历了 8 年时间。

这种记忆方式主要是给我们梳理出一个大的框架，而多米尼克系统正好是往框架里勾勒细节。

所以，记忆方法多种多样，还要看我们自己如何去灵活使用。

第四章

吃掉厚厚的词典
——如何记住陌生的词汇

为什么你记不住——该死的单词

相信很多人都有过痛苦背单词的经历，不管是英语学习还是其他语言的学习，词汇量的积累似乎永远是第一位的。而背单词这件事，一直是很多同学心底的痛。为什么我们记不住单词呢？首先，要先纠正一些在英语学习上的误区，来看看一直以来我们是否都把重心放错了位置。

1. 拼命背单词，单词背得多了，英语自然就能说得好

“要学英语，先背单词”，这绝对是个误区。就像我们从出生到学说话，有谁是先学会了组词造句才开口讲话的呢？

一个人的词汇量的积累是日积月累的过程，不可能一两个月拼命突击就会取得好的效果。大部分人并没有这么好的记忆力，这种枯燥又大量地背单词工程很容易消耗掉我们的精力。研究显示，目前最常用的前 5000 个单词，出现频率和使用频率高达 97%。只要你词汇量能达到 5000 左右，就能跟老外正常交流，重要的是你说话的能力，是否可以用仅有的一些单词去举一反三，把不同的词汇用到不同的场合，然后再根据我们自己的喜好以及工作需要去补充新的单词。

理解它们，记下来，使用它们，逐渐地驾驭英语，当你可以驾驭一门语言的时候，还需要绞尽脑汁地去背一本本词典吗？

2. 英语可以速成

解题方法可以速成，应试技巧可以速成，但一门语言，绝对无法速成。掌握一门语言需要长时间的使用和积累。

根据艾宾浩斯遗忘曲线我们应该清楚，只有按照大脑的记忆规律，才可以把输入的短时记忆转化为长时记忆。各种速成训练是治标不治本的，最多只能强行给你的大脑中装填短时记忆。而由于学习时间和信息量过长过多，超出了大脑的负荷。故这种学习是毫无意义的，会被大脑快速遗忘。

3. 一味死学，以分数为最终目的

我们学习英语的目的绝不是考一个好看的分数，语言是用来说的。就如同想学游泳的人，只是看《游泳技术详解及技巧》，就算倒背如流也无法学会游泳一样。语言是一种技能，理论知识是所有技能的基础，但只有实践才是掌握技能的唯一方法。

所以我们必须走出这三大误区，需要清楚明白地知道学习英语的意义和作用。先认清你所面对的目标，再下手去拿下它。

1. 听力和朗读

汉语文字是象形文字，记汉字是“七分靠形，三分靠音”，而英语文字是表音文字，记英语单词是“七分靠音，三分靠形”。放弃了听力和朗读，相当于放着两只手不用却用脚写字，难以有效学习。

2. 音标和音素

学汉字有拼音，学英语有音标。

一些人的问题在于过度依赖老师、磁带、学习机，一旦离开这些外部设备，自己就无法独立去认读，完全缺失了基本的自学能力。

3. 拼读

其实单词是有发音规则的，根据单词的发音规则去记忆，当然更加简单、易记。

可大多不懂自然拼读的人，记忆单词的方式是记忆字母顺序。比如，在记忆 information 时，他们是依次记住 i–n–f–o–r–m–a–t–i–o–n 的每一个字母，而不是去记住 in–for–ma–tion 的四个音节。

这样不仅增加了记忆负担，而且根本无法大量且长久地去记忆单词，因为他们脑中的单词全都是松散的单个字母。

4. 听句子

英语的词组和句子在发音方式上和汉语是大不相同的。英语的连读现象非常普遍，而我们的教材和教师明显未曾给予其足够的重视，许多配套的听力磁带也只是为了国内听力考试而存在。磁带朗读速度比电子合成音还要慢，以至于学生习惯磁带里这种英文交流方式之后，遇上真的外国人，根本听不懂人家在说什么，从而直接打击了学习的积极性。

5. 重复记忆、查词典

有很多学生会求助于校外补习、各种私人家教，但自己却连一本词典、一部工具书都没有。要知道，语言学习不仅仅是学到知识的本身，更是要学会一些获取知识的途径和方法。

而且，大多数人只是将目光放在生词表当中的单词上，对于一些自己其实根本没有掌握的，但又重复出现的常用词汇却视而不见。他恰恰不知道，生词的重复出现正是记忆单词的最佳时机，错失良机到最后只能导致大部分单词最终都成了生词。生词的熟练掌握往往需要多次反复进行有意义的接触，一次两次的学习是根本不可能掌握的。

海量联想方法——以量取胜，词海战术

要想吃掉一本厚厚的词典，除了正确的态度和重复使用以外，选择多种多样的方法来辅助记忆也是非常必要的。关于英语单词的记忆，教育界研究推行的方法非常之多，但我们每个人的精力有限，不可能把每一种方式都使用一遍。所以在本节挑选出几种最常用，同时也是效果最好的方法，以供大家参考。

海量联想方法包含了谐音法、词根词缀记忆法、象形法、滚动式听读法等多种联想方法，熟练掌握这几种联想记忆术，再深再难的词汇也能被我们轻松记住。

1. 谐音法

谐音记忆是通过读音的相近或相同，把所记内容与已经掌握的内容联系起来进行记忆的。单词是英语初学者永远的痛，尽管谐音记忆法有其自身的弊端，如易导致发音不准，但只要我们自己先掌握好发音规则，必要的时候再使用这个方法，也无可厚非。

2. 词根词缀记忆法

我们在学习英语时，第一道难关就是背单词，从英语教育普及开始，背单词就一直在折磨着千万学子。可我们想过没有，为什么学说话就把自己折腾成这样呢？

要说语言的难度，汉语肯定要比英语难。那外国人在学习中文时也会如此劳神吗？我们学习中文的时候吃力过吗？英国人在学习英语的时候需要去记住单词的汉语意思吗？当然不需要。那为什么我们在学习英语的时候总是惦记着单词的汉语意思呢？

因为中国人普遍不会直接识别英语单词的意思，所以很多时候只能使用汉字的符号帮助记忆英文。结果就导致各种信息越来越多，大脑负荷越来越重，陷入无边的记忆灾难当中。

其实，英语单词和汉字一样，也是有“偏旁部首”的。如果我们知道了偏旁部首，至少可以根据它们来直接猜测单词的意思，在别人告诉了我们单词的意思后，我们就会恍然大悟地领会它，这样就可以增强我们对英语单词“见字识意”的能力，从而真正认识一个单词，而不是把它当作一个用汉语标注的符号。而词根词缀记忆法，就相当于我们辨识了英文单词的偏旁部首。

准确的定义词根词缀是极其专业的课题，我们简单用动词的构成举个例子，如很多时候动词可以分为两个部分：动作的本质和动作的方式。前者用词根表示，后者用前缀表示，而后缀一般用来表示词性。举例：前进和后退这两个动作的本质都是“走”，可以由词根“cede,ceed,cess”表示，而它的方式则分别为“往前”和“往后”，可以由前缀“pro”和“re”表示，所以我们用 proceed 表“前进，进行”；recede 表“后退，衰退”。

常用的前缀也就二三十个，常用的词根也不过百十来个，但是由词缀词根演化而来的单词却成千上万。掌握这种方法的奇效就好比掌握了一份曲谱，那未来无论往这曲子里填什么词，就都能唱出来。

可能有人会觉得，多记一个词根不也是多记了一个单词吗？这样费力还不如直接记单词。

如果一个词根只能让我们多记一两个单词，那确实没有太大的必要。但我们完全可以找到一个含有这个词根的熟词，并且从中掌握词根含义，以此来掌握生词的含义。但是，有时词根义与单词义之间的关系也不一定那么直接，那么，这个时候还需要我们用到联想记忆法，将两个词串联起来。

一般来说，词根对于单词的意义是很重要的，可有的词根也会和汉语生僻字一样，比较冷僻。这时候我们就不需要去深入探究，不要忘记，除了词根，我们还有词缀可以参考。

举例：前缀 dis 的意思是“apart”，也就是“分开，分散”。而且很多 dis 开头的词都有这个意思，如 dissolve（溶解），dissipate（消散），disseminate（散布），dismiss（遣散），disperse（消散，分散），dismantle（拆开）这些单词。就算我们在阅读学习时并不认识这些单词，或者不能够准确地翻译出它的意思，但是通过词缀，我们可以联系上下文进行大概地猜测。

3. 象形法

汉字中的“象形字”是指把字描画成所代表的东西的样子，如“木”字，就像一棵树，“水”字就像一湾清泉。在英语单词的学习中，我们也可以通过对单词中一些字母的形状进行象形化联想来帮助记忆单词。

在英文字母起源中，“A”代表的是牛、牛角，可以引申为“向上、向前、耕种、食物、首要的”意思。牛角往上长，所以能引申为“上”；牛角往前抵，可以引申为“前”；牛是用来耕田的，所以引申为“耕种”；耕种收获食物，又能引申为“食物”；牛对人生活的影响非常重要，A又在26个字母里面排首位，所以可引申为“首要的”。

跟A一样，其他的字母也都有着各自引申的意义。

例如，字母“e”看上去比较像一只眼睛，而“眼睛”的单词正好是eye，首末两个“e”代表两只眼睛，中间的“y”代表鼻子。而且“e”代表眼睛的单词还有很多，如seem（看起来），see（看见），等等。单词see中的“s”表示弯腰，“ee”可以想象为两只眼睛看见（see）了什么东西。同时，字母“e”像树枝上长出的“e”形状的叶子，如英语单词leave（叶子），“v”代表交叉，因为叶子很多，所以叶子和叶子之间是互相交叉地长在一起的；字母“l”可以象形化地联想成树干。

4. 滚动式听读法

很多人认为只有死记硬背才能记住单词，其实这种说法是错的，真正容易遗忘的恰恰是死记硬背的内容。因为你根本不理解，根本不知道自己记了些什么，这种情况下谈何记忆？只不过是把一堆字母放进了脑中，暂时地放了进去。

我们应该发现，很多东西可能我们并没有刻意去记，如脑白金的电视广告。谁会无聊到专门背广告词？如凡客广告，那么长，谁会特意背一遍？

这些东西只是反复出现在我们身边，反复穿插在电视节目当中，但我们却记住了。为什么？因为它们反复地出现在我们的眼前，我们的耳朵里。

英语单词也是一样，这种类似的词汇滚动记忆方法，我们一般叫作滚动式听读法。

这种记忆方法怎么去操作呢？非常简单，就是通过看英文字幕的电影、看美剧，将生词不断地记录下来，找出中文意思，然后继续看电影就可以了。

为什么叫滚动式听读法？因为你在看电影的过程中，第一次遇到一个生词，你先记下来，查查字典。这时候你会对这个生词有一个初步印象。如果这个单词是高频率单词的话，在后边的电影中就会不断地出现，而单词的不断出现就会让你不断地在脑子里重复，从而达到最后记住的效果。

我们就这样记录下一些单词，高频单词会不断地出现，供我们去反复记忆。当你看完一部电影之后，你会发现这些记录的高频单词你已经全部记住了。而另外一些出现频率低的单词也被你记录了下来，虽然没有高频单词那样反复轰炸的效果，但是低频词毕竟不会太多，所以记忆起来并不困难。

不要把背单词看作艰难的事情，这是我们每个人都可以做到的。本节所讲的 4 种单词记忆法都是目前比较受人推崇的方法，在记忆方式和记忆原理上比较适合我们大脑的运作规律。凡事都讲究方法，空有坚持刻苦的信念，却没有灵活有效的方法，这样学习终究是事倍功半。

重复去做一件事——当记忆成为习惯

很多男生从小都会有武侠梦，梦境中的自己飞檐走壁、白衣仗剑，成就一代侠名。但是少年时的我们却看不到快意江湖的豪杰们未出山时所付出的努力与艰辛。

扎马步、站桩、挑水、劈柴，每个高手在成名前都是十年如一日地进行着这些水磨功夫。打好了基础，才有直上青云的底气。同理，在英语单词的修炼上，又何尝不是如此？

如果说之前讲到的各种单词记忆方法是一本本秘籍，那本节所讲述的内容，则是冬练三九、夏练三伏的基本功。大侠怀揣无上秘籍宝典，不修炼，与废人无异。我们手握单词记忆方法，不使用，纯属浪费资源。拥有了方法，我们只要照着做、重复做，就够了。

记忆方法是辅助记忆的工具，不是灵丹妙药。我们如果真的有心去提高记忆力，增加词汇量，毅力其实更加重要。记忆单词可以有很多种方法，但这些辅助方法最终全都指向一条路——重复重复再重复。

很多人在经历了背了忘、忘了背、背了又忘这种恶性循环之后，逐渐丧失了信心和勇气。一次次地破其门而不得入，最终导致无数学生选择了放弃。还有一部分人暗自窃喜，以为自己掌握了些许记忆方法便可以高枕无忧，结果却没料到机械记忆只能在短时间内生效，经过时间的冲刷单词终被遗忘。

我们的记忆行为有着自然记忆和机械记忆的区别，在日常生活当中，一般表现为自然记忆，而且自然记忆的效果当然也最好。机械记忆的内容很容易丧失，而自然记忆却是深深地烙在脑中的。

试着回忆一下，现在的你是不是能清晰地回忆起小学时代最火热的动画片？是不是连动漫人物的名字都记得清清楚楚？那再想想小学背的古诗词，还能完整地念出来几句？

自然记忆，顾名思义，是没有显性记忆过程的，在记忆的时候我们不会做出“背”这个动作。恰恰是这点，跟我们在背课文、背单词时的做法大相径庭。所以，按照自然记忆的特征，我们只需要在记忆单词的时候模拟出非显性记忆的过程，这样就能取得比较好的记忆效果。模拟自然记忆的唯一原则就是，短时间内高频率重复。

艾宾浩斯的遗忘曲线原理让我们知晓了记忆遗忘的规律。短时间内的高频率重复的原理相信大家都能理解。很多影响广泛的电视广告就是这样做的，如“恒源祥，羊羊羊！”“今年过节不收礼，收礼只收脑白金！”因此，在记忆单词的问题上，最有效的办法也同样是高频率重复。

我们大多数人都会专门安排出一大段时间用来背单词，其实效果并不好。因为特别腾出时间去记忆，本身就是显性机械记忆的过程，并不是隐性自然记忆。而且看似心无旁骛，实际上长时间进行枯燥的单词记忆很容易造成催眠效应，可能越背越困、越记越累。出去吹吹风清醒一下，然后发现刚才背的单词也被风给吹走了。

所以大家可以根据自己的实际情况，尝试使用自己的零散时间来背单词。相当于化整为零，把以前特意安排的大段时间打散。可能是饭后休息时间、睡前时间或者等车时间。这样不仅可以让我们尝试应用自然记忆法，还能在不同的时段重复背单词。既可以提升效率，又能及时复习，强化记忆。

总之，无论你所使用的细碎时间是多久，环境安静与否，都没有关系。我们安排一个周期，如五天或者十天，一个周期进行一次系统回顾。因为很多同学总会把背单词的周期拉得很长，经常记住后面的忘了前面的。所以按照艾宾浩斯遗忘曲线的原则，我们必须在记忆衰退之前去巩固，加强单词在大脑中的印象。

除了时间周期上的安排，同时我们也要对所要背的单词进行一些整理，有计划有系统地去逐步消化它们。

比如，我们要背 5000 个单词，当然不可能放在一天当中去消化。所以这时候我们便以自己设定的周期为时间点，进行数量划分。不要给自己太多压力，每天 200 个到 300 个即可。不用刻意去背，我们要记得依据自然记忆加重复的原则。每天在自己的零散时间里看，反复地看、读，理解每个单词的意思。

或许我们自己不会发现，在我们反复阅读的过程中，这些单词的印象就在我们大脑皮层中逐渐得到了强化。可能不像我们平时集中地去死记硬背之后那么明显，但在反复多次记忆以后，记忆效果自然会越来越强，强到看见单词立马就能知道它的意思并且读出来。

关于时间的安排，可以参考以下的方法。

早上背单词的效果最好。每天早起后到 10 点半之前，这期间人的记忆会有一个小高潮，所以特别适合去记忆一些新的内容。

白天的事情会比较多，便可以利用零散时间来背单词。哪怕只有看一个单词的时间，你也要看。

到了晚上，时间相对宽松了很多。除了一些必要的事情之外，在上床睡觉前，我们至少也能拥有两个小时左右的空闲时间。而且从 8 点到 11 点这 3 个小时正好是记忆的恢复期，早晨和中午你看过的内容在这个时间再过一遍，至少能强化记忆 30% ～ 40%，如果错过这段时间，当天所记忆的内容量会下降到 3% ～ 4%。

有的人会选择洗完澡之后爬上床，摆一个舒服的姿势开始背单词。尽量别这样，忙碌一天之后，冲完热水澡放松的除了肌肉还有神经，这时候再舒舒服服地躺在床上，单词只能成为你的安眠药。

不要躺，不要坐，站一会儿。边站边回忆一天所记内容，保持一种轻松愉悦的心态，不用太久，半小时足矣，若精神状态尚佳，可再多阅读一会儿。

休闲也是学习——电影和音乐的力量

英语作为一门语言，学习起来确实有着一些困难。毕竟不是母语，如果从小熏陶教育还好，假如年龄偏大才开始学习，那时候语感各方面都已经定型，学习当然更加不易。以课程来讲，所有的课程学习都需要找到兴趣点，无论哪个科目，只有激发了强烈的兴趣，在以后的学习当中才能事半功倍。

如果一味地埋头在单词和题库当中，纵然再有兴趣，再有记忆方法也是不行的。机器都会疲劳，更何况是人。所以我们也需要一种舒缓压力、快乐学习的方式。

现如今科学在进步，我们可以利用的渠道也越来越多。很多地方从小学就开始进行多媒体电子教育，不得不承认这是一种突破。毕竟，声音和图像才是大脑最适合接收的信息形式，单纯以文字进行教育，多少还是有些落伍的。

其实，很多人已经开始用音乐和电影来辅助自己学习英语，这种方式不需要我们投入太多的精力和时间。当然，就算是需要大量时间和精力去做这件事，大家也一定会义无反顾地投身进去，并乐在其中。

没错，这就是电影和音乐的力量！

相信大多数人不会抵触电影和音乐吧。不管什么类型、什么题材、什么风格，每个人都会有自己喜爱的影片和歌曲。在结束一天的疲惫后，很多人愿意选择细细品味一部影片，或者戴上耳机，让音乐来给自己补充力量。

这是生活，生活中同样蕴含着学习。尤其对于学习英语，这样的例子已经屡见不鲜了。例如，很多没有受过专业英语训练的人，因为喜欢英文歌，自学都可以考过四六级；对学习提不起兴趣的传统差生因为喜欢英文歌努力学习英语；有人希望走遍全世界，所以学英语的热情满满。兴趣也是情绪，人一旦对某种事物产生兴趣，情绪会推动着他积极地去寻找能满足他兴趣的事物。

有研究表明，听音乐可以促进输入、内化和语言习得；唱歌既可以提高音乐的理解力、增强节奏感，也可以学习语音、语法和句法，增加词汇量，还可以增强语感和语言文化的熏陶，并且激发学习英语的兴趣和动机，进而可以去精听、模仿，包括语音语调、重音停顿，等等。学习英语歌曲会给英语学习带来很多意想不到的收获。

英语歌曲的形式灵活多变，内容也丰富多彩，这是其他学习方法所不具备的。一首动听的歌曲可以让人放松、愉悦。而我们在记忆单词的时候正需要这种轻松的心态，在这种状态下，我们很容易进入自然记忆的状态，可以背下很多的单词和句式。

而且，英文歌曲也是一个帮助我们练习发音的好方法，通过音乐我们可以很自然地找到重音和语言的节奏感，还可以提升我们对英文咬字发音、音调、语调、节奏以及抑扬顿挫的敏感度，让我们的口腔发音部位更加灵活，在口语的表达上更加流利。毕竟，在任何语言里，语感都是最重要的部分之一。另外，在聆听英文歌曲时，各式各样的歌词可以让我们在很轻松的环境中掌握多种语言表达，而且这些表达往往让人记忆深刻。

英文歌词里有很多词汇，还有很多词组句式，都可以帮助我们用来练习口语和提高听力。听音乐的一大好处是很容易记住，加上歌曲中往往有很多重复的旋律反复出现，正巧强化了记忆。单词和语句融在歌曲里面，既生动又朗朗上口，大大提高了我们记忆英语的效率。

听英文歌曲对短期内高效记忆单词有好处，我们通常是孤立地去背单词，但实际上背单词不如背句子，恰好英语歌曲中的句子都是很值得记忆的。而且由于中国人和外国人在思维、语言、习惯上的差异，导致我们在学习英语时，不光口音演变成中式的，连一些语法、书写都不够标准。而流行音乐正好是我们了解西方思维和语言习惯的一种途径。

所以，欣赏音乐不仅仅对语言学习有帮助，对于一个人的心灵陶冶与思想的提升也有着巨大的作用。

和音乐有着相同作用的是电影，而电影对于我们学习英语也会有所帮助吗？答案是肯定的。

想要学习某一种语言，既想学得好，又想学得快，最好的方法就是在一个拥有这种语言环境的地方学习。好的语言氛围、语言环境会让我们耳濡目染，在不知不觉中受到这种语言、思维以及语感的影响。

电影拥有大量日常生活方面最常用的词汇，人物角色也都使用着地道的表达方式。看电影学英语可以让我们学到更地道的英语，在和外国人实际交流时会更加轻松自如。而且在英文电影中，交流者基本都是用日常生活中正常的语速进行交流的，你可以真正地听到原汁原味的英语，这也是现在各类英语听力考试的发展方向。当你接触多了，就会不知不觉地学到英语的语法并获得语感，就像我们的中文一样，有些人虽然不懂得主谓宾，但这并不妨碍他去表达，这就是在这个语言环境里潜移默化学到的。

作为一种文化载体，从电影中我们可以了解一个国家的风俗习惯、人们的思维方式和行为模式、宗教信仰等信息。

下面介绍一些看电影学英语的小方法：

1. 首先看一下影片的英汉对照翻译字幕，大概了解一下故事情节。

2. 在看第二遍第三遍的时候，放弃看字幕，锻炼你的听力。

3. 看电影时可以模仿某个你喜欢的角色说话，使听力、口语同时得到练习。

4. 选择一些适合自己的词汇量和语速，且社会角度比较广的英文电影。

5. 把你听不懂的句子和单词记录下来，并弄懂它们。

6. 同一部电影多看几遍。

第五章

博闻强记的智者
——把丰富知识装进大脑

抽象的世界——漫游国家地理

很多家庭以前应该都有在墙上挂世界地图和中国地图的习惯，记忆地图中世界各地的名称是很有意思的事。那么如何才能将这些地名记住呢?

国家、地名，这些名称说到底还是词汇，而关于词汇的记忆方法，其实已经提过很多次了。之所以在这里单独提出来，只是希望可以让大家在繁忙的学习工作之余，利用记忆术的优势多给自己充充电。

兴趣是记忆的动力，有了兴趣注意力便会自然而然地集中起来。像前边提过的，机械记忆在任何时候都是最不可取的。所以我们一定要习惯于将记忆变“活”。无论是形成声音还是图像，信息生动起来，才更容易被我们牢记。

国内的地名大家都很熟悉了，也没什么挑战性，我们来试试国外那些拗口难记的国家。

比如，美国西海岸的大港口——圣弗兰西斯科，我们习惯称之为旧金山的这个地方。旧金山的开发与繁荣离不开华工的血汗，1848 年在这里发现的金矿掀起了美国的淘金热。我国东南沿海农村有很多贫苦农民背井离乡，来到了这片土地上。他们修建铁路、建设城市，使这座城市在采金业的繁荣中迅速发展了起来。所以华侨们最初称之为“金山”。但是，后来在澳大利亚墨尔本发现了一座更大的金矿，为了区分，遂更名为“旧金山”。

旧金山是美国华人最大的集中地，市内有一条“唐人街”，聚集着华侨华裔7万多人，充满了中华民族的本土色彩。随处可见广东酒家、北京饭店、馄饨店、豆腐铺，每逢春节来临，长街之上舞龙舞狮、打鼓放炮，处处洋溢着中华民族的气息。

看完这一段大家或许会疑惑，这跟记忆国家地名有关系吗？当然有，在这短短的一小段故事之后，你还对圣弗兰西斯科感到陌生吗？

其实，国家地名这种知识并不需要我们去死记硬背。因为这些名称不同于数字，每一个地名所蕴含的信息太多了。我们只需要随便从某一个方面去简单了解一下，自然地，这个名字就会收录进你的记忆档案。

当然，除了通过了解地方文化特色来记忆之外，我们还可以借助特点、分类、对比、理解等方法来记忆。

因为地理学科具有很强的综合性，所以我们在学习记忆时，必须注意地名之间的联系。这种联系是区域性的，所以同时还要进行一些对比。在联系和对比的过程中，我们的思维可以进行发散，也属于举一反三。比如，我们记忆亚马孙河的水量巨大，那么作对比的对象就应该是刚果河水力丰富；阿塔卡马沙漠最为干旱，相对的就想起乞拉朋齐雨水最多；巴拿马有科隆港，德意志同样有科隆市……这种方式不仅增加趣味性，同时又兼具触类旁通的功效，在记忆这些地名的时候有着很好的效果。

而且，所有的国家和地区都有着各自独特的历史、宗教、位置、交通等特点。从这些特点入手，找到兴趣点，深入了解，从而做到深刻记忆。

像美国的拉斯维加斯，之所以风靡世界是因为它的另一个名字——“赌城”；很多人没去过伦敦，但都知道那里有一条街叫作贝克街，有个叼着烟斗的人赋予了这条街新的生命；文艺女青年神往着的香榭丽舍大道位于法国巴黎，女青年们是否知道这条街的名字是取自希腊神话的；小清新们泪流满面地向往着的普罗旺斯，可知晓它坐落在法国东南部，毗邻地中海，又和意大利接壤；新婚夫妻都念念不忘的马尔代夫则建国不久，是伊斯兰教国家，而且距离斯里兰卡并不远，可以顺道去趟科伦坡；西亚有死海一汪，湖内无活物，入水不下沉；墨西哥有鸡肉比萨馅饼，但是没有鸡肉卷，而且还是仙人掌王国；威尼斯虽然水城依旧，但却逐渐沦为空城一座；前有“赌城”拉斯维加斯，后有世界“小赌国”摩纳哥；梵蒂冈不是意大利首都，是世界最小的国中国，而且有教皇坐镇。

还有一些国外名称就要靠我们理解记忆了，如落基山的意思是岩石山；苏必利尔湖代表“上边的湖”，因为这个湖位于五大湖的上游，湖水下行都注入了休伦湖和密歇根湖；太平洋之所以叫这个名字是因为麦哲伦航海路经此地时风平浪静，所以意思是“平静的海洋”。和单词一样，知道它所代表的意义，那它就不再是冷冰冰的符号，而是一幅生动的图像。

在细致了解每个国家地区之前，当然不要忘记作一个宏观的了解。你必须对各大洲的国家和地区有个大致了解。同时不要忘了，七大洲里还有个南极洲，只不过那里不住人，还有南北美洲合称美洲。

以上信息都是各个国家和地区的显著特征，都是我们耳熟能详的内容。不管你爱旅游还是爱美食、爱音乐还是爱电影，在各个国家中总有属于你的兴趣点，并使你愿意为之去探究。记忆地理知识，其实一点都不枯燥。

跳跃的分子——复杂的化学元素

单词和数字可以通过记忆术来增强记忆，那么，化学元素可以吗？当然可以，不只可以，而且比记忆其他事物要简单很多。元素看似复杂难懂，但毕竟有固定的数量，一张简单的元素周期表就可以囊括所有。

记住元素周期表并不是一件困难的事，在学习了这么多记忆方法之后，我们可以从中挑选一个最适合自己的。

化学元素具有周期、性质、族、化合价四项特征，而想要记住它们，自然要从最显著的特点开始。我们可以通过元素的周期来进行记忆。把相同周期的元素先整理到一起，根据同组的元素发音，制定一个谐音口诀。举个例子，第一周期：氢、氦，通过发音我们可以译为：青海、侵害。第二周期：锂、铍、硼、碳、氮、氧、氟、氖，音译为：鲤皮捧炭、蛋阳福奶。诸如此类，一直到第七周期。

这种方法看似笨拙，实际上却很好用。因为元素周期表的字大多比较冷僻，除了课本之外很少有用得到的地方。而且每个字形也都很相似，大量相同的偏旁部首很容易让我们在记忆字形时产生混淆。为了避免这种现象，我们通过不同元素的发音，寻找一个同音字来代替。这个同音字不要太复杂，但一定要是特别好记、很常见的字。当给所有的元素都挑选了替代字之后，我们根据替代字的字意，把单个不连贯的字串联成一个词或者一句话，甚至一个小故事。

而化合价分类记忆和族分类记忆也是一样的，都是先把元素按照一个自己习惯的记忆顺序类别分开，然后使用代码标记，最后再把所有的代码串联到一起。这个方法我们在前几章已经用过很多次了，想必大家也不陌生。唯一需要注意的是，千万不要把字写错。

瑰丽的篇章——唐诗宋词三百首

诗词歌赋是蕴含节奏和韵律的语言，诗词特有的韵律与各异的意境，都是可以打动人心、深入脑海的。我们在学习诗词时，老师总会讲：认真品，理解诗句的内容，品味诗中的情感。没错，只有感同身受地去体会、欣赏，才可以理解并读懂。有了理解做铺垫，记忆自然也简单了许多。

我国所流传下来的美丽诗篇非常多，或恢宏，或婉约，或豪放，或矜持，形形色色，不一而足。我们在阅读这些篇章时，往往可以透过短短几句诗词看到千百年前的种种景象。这些画面是由诗句激发起情绪，然后才在脑海中呈现出来的。能够打动我们的，必然是能够被深刻记忆的。

小时候背诵的诗词往往是一些比较短的句子。“床前明月光，疑是地上霜”“谁知盘中餐，粒粒皆辛苦”“月黑雁飞高，单于夜遁逃”“孤舟蓑笠翁，独钓寒江雪”。长大后开始接触较长的诗句，这时就需要一些记忆方法来辅助背诵了。

首先是理解记忆法，这个方法出现在各个领域之中，是重中之重。顾名思义，所有的文章，我们只有在理解的基础上才可以进行记忆。如果不理解，那么这些文字就只是一些冰冷、没有生气的笔画，当然无法进驻到我们脑海深处。很多诗句我们可能要细细参详，还要翻阅很多书籍才能明白其中的意味。

比如，“眄睐以适意，引领遥相希。徙倚怀感伤，垂涕沾双扉”。这两句诗描述的是女子的无限情思，希望良人可以欢悦适意，不料稍留即逝，梦醒人杳。在自己神智渐渐恢复之后，只好“引领遥相希”——伸长脖子，远望遥寄相思。短短四句写得极其质朴，主人公思极入梦而后骤醒，那种相思伤怀之景象跃然纸上，同时在脑中也浮现出一个毫无矫饰的女子远望相思的画面。只要弄清了诗句的意思，自然也就能很好地记住了。

所有的记忆术都是相通的，是可以互相结合应用的。将诗句转化成生动的画面，使用影像记忆法再合适不过了。所谓影像记忆法，就是发挥我们的想象力。通过我们对诗句的理解，开动脑筋，想象出诗中所描述的环境、场景、人物、风景，让这些事物随着诗句生动起来，借以帮助记忆。

我们知道，古诗词都是讲究韵律的，有韵脚。在我们背诵古诗的时候，可以着重读韵脚加深记忆，从韵脚扩展到全文，尤其是律诗更是讲究对仗工整。所以在记忆的过程中，我们也可以两句两句地对比着记，这样碰到长诗时可以避免单句记忆的困难。比如，“金沙水拍云崖暖，大渡桥横铁索寒”就非常符合律诗对仗的规律。“金山水”对“大渡桥”，“拍”对“横”，“云崖暖”对“铁索寒”，这种对仗的记忆方式可以起到承上启下的作用，念了上句便能对应地记起下句。

所有的记忆方法都有一个共同的特点，那就是重复。古诗词也不例外，毕竟它也是语言表达，我们只默记是不行的，也要通过口腔的发声来帮助记忆。诗词背诵朗读不需要太快，能慢则慢，带着对诗句的理解和感情去念诵。我们经常在电视里看到那些摇头晃脑的读书人，都觉得很可笑，不过这确实也是加深记忆的方法。速度放慢了，音调拖长了，对诗词中的韵味更体味出了不同，记忆自然也就加深了。

古诗词的记忆更看重对诗句的理解，只要看懂内容，在脑中同步播放着相应的画面。那么，整首诗也会逐字逐句地浮现在眼前。

成功的演讲——快速记住演讲稿

“87年前，我们的祖先在这块大陆上创立了一个孕育于自由的新国家，他们主张人人生而平等，并为此而献身。现在我们正在进行一场伟大的内战，这是一场检验这一国家或者任何一个像我们这样孕育于自由并信守其主张的国家是否能够长久存在的战争。我们在这场战争中的一个伟大战场上相聚。”

这是林肯总统最著名的一篇演说——葛底斯堡演说，也是在美国历史上最常被引用的演说文稿。当时正是美国南北战争时期，距北方军击败南方叛军的决定性战役葛底斯堡战役仅四个半月，演说在宾夕法尼亚州葛底斯堡国家公墓的揭幕典礼上进行。

一篇完美的演讲可以激励人心，可以鼓舞斗志，可以让很多不可能变成可能。演讲具有一种魅力，可以让站在台上的人变得光芒万丈、璀璨夺目。

不过在现实中，有很多人惧怕演讲。不只演讲，哪怕是在公共场合讲话，在班级回答问题都不敢，他们发自内心地畏惧在很多人面前开口讲话。同样，也有一部分人具有公开演说的勇气和能力，无奈却记不住自己的演讲稿的内容，认为自己没有很好的记忆力。

想要发表一场好的演讲，首先演讲者必须要记住自己的演说词，同时在演讲的过程中要保持和听众的目光交流。如果在演讲中因为紧张而导致眼神闪烁或者是忘词，将会使演讲效果大打折扣。

紧张和怯场会影响到我们记忆力的发挥，不管在事前排练过多少次，一旦上场，面对掌声雷动、万众瞩目的场景难免紧张。此时若没有好的心态和特别的记忆方法，很容易产生一种莫名的恐惧，随即大脑一片空白。好在我们之前已经学习了足够多的记忆方法，可以从中选取一些适合的，来帮助我们完成一次完美的演说。

思维导图是强化演讲稿记忆的最佳方式。在准备演讲之前，除了熟悉演讲稿，我们还需要画一张思维导图来帮助记忆。把演讲稿的重点元素按照一定的逻辑顺序用图像表示出来。像我们之前说过的一样，列出演讲主题，并根据演讲的内容，细分出枝丫，在不同的枝丫标出演讲内容的关键词，这些都将在演讲时成为非常有用的提示。

在开始绘制思维导图的时候，你的演讲稿就已经发散开来，按照你在脑中的构架从中心主题延伸出去，然后落在不同的点。随着绘制的深入，会逐渐地加深对每个枝丫每个关键点的内容的印象，使其跟着我们的画笔自由地流淌。等完整地绘制完思维导图的时候，相信整篇演讲稿已经在你脑中形成了一幅脉络清晰的图像了。

思维导图的好处在于，它把一篇冗长的演讲稿拆分成无数片，但是这些拆分的内容却没有被打乱，而是被按照我们的思维逻辑进行新的编号。就如同看到向左的标识我们就要向左转，看到向前的标识我们就自觉地朝前走。这是一种在大脑中绘制地图的方法，确保我们在任何情况下都可以遵循自己设定的路径行走，而不会被外来因素打乱。

我们在演讲的时候不可避免地需要看稿，但更要注意与听众的互动和眼神交流，那么当我们拿着写好的稿子上台，在一番互动之后如何快速地找到下一个点，并且继续演说呢？思维导图自然是最好的提示了。思维导图不需要你眯着眼睛一行一行找自己说到了哪里，你只需顺着脉络看一眼关键词，接着侃侃而谈就行了。

进行演讲之前我们要自我调整一下，演讲也需要进入状态，进入角色，就像背台词一样。很多演讲稿会带有浓厚的情感色彩，它能引起演讲者和听众的喜怒哀乐和好恶爱憎。包括语气、音量、语速、动作，在不同内容、不同时期都是不一样的，而注意到这些问题和细节，同样也可以加深我们的记忆。

当我们已经熟练使用思维导图以后，可以逐渐尝试脱稿的演讲。脱稿演讲的关键在于我们对演讲稿内容脉络是否清晰。如果演讲稿很长，我们的脉络太多，关键词太杂，在情绪激动的时候可能会混淆甚至遗漏。所以这时候我们可以使用路径记忆法，把关键词转化为各具特色的图像，然后选定一些记忆桩。

比如，你可以选择演讲的场所，这里会有音箱、灯光、桌椅、围墙，这些都可以作为记忆桩来使用。我们不必要求自己把每个字都记得清清楚楚，这样不见得是好事，因为演讲过程中如果突然出现和你记忆的某个字某句话对不上号的情况，这就麻烦了。演讲过程中即兴发挥也很重要。

演讲的意义在于发表自己的见解和主张，抒发个人的感情，分享自己的经验。简洁的语言是智慧的灵魂，冗长的语言是肤浅的藻饰。在演讲时切忌去表演，尽量口语化，做到表达自然。

平时也可以多看一些国内外的演讲视频，增强自己的表现力。毕竟演讲不是背课文，除了展现绝佳的记忆能力之外，肢体语言也不要太僵硬。

经典在心中——如何记住一篇文章

在一个闲暇的午后，给自己泡一杯茶，打开轻柔的音乐，摊开一本心仪已久的书。待夜幕低垂，书页一张张从指尖翻过，一行行跳动的文字和鲜活的人物在脑中活灵活现。合上书本，细细回味那每一句绕齿留香的话语，每一个拨动心弦的故事。整个人都沉浸到文字中去，久久不愿醒来。等到某日与朋友踏春郊游，或者和同事聚餐畅谈时，脑中忽然闪过某本书中特别精彩的一句话。你欣喜地示意众人噤声，打算把这句话、这个故事分享给大家。朋友们看着你，等你说话，可是你却尴尬地冷场了。因为你没能抓住那一闪即逝的精彩记忆，这是我们很多人都会遇到的状况。

看了一篇文章、读了一本书，心中满满填充着所得的感动与感悟，迫不及待地想要和朋友们分享。可惜偏在这时脑中一团糨糊。虽然心中还涌动着某篇文字所带来的情绪，但是脑中根本无法组织起语言。很多朋友纳闷，为什么明明感觉自己记得，可是到说的时候就想不起来了呢？

我们在读过一篇文章之后，最先印在脑中的并不是那些美妙的文字，而是经由文字传达给我们的情绪和感触。就像我们去饭店点餐时，都会大致扫一遍菜单。一遍之后我们脑中会充斥着各种各样的美味佳肴，但是放下菜谱你并不能逐一说出每个菜名。

大脑最容易接受的信息是图像，就算读着文字，脑中第一时间呈现的也是由文字构成的画面。所以我们可能记着每一个印象深刻的角色，每一句感慨万千的台词。但是我们却无法将其准确地表述出来，因为文字转化成图像比较简单，图像还原成书面语言却很难。

对于成年人来说，我们记忆一篇文章并不是孤立地、单纯地记忆成百上千的文字语句。所有的记忆都是建立在理解之上的。这需要我们左右脑的分工合作，先把读到的文章内容进行整理，然后在整理的过程中，通过某些方法记忆下来。

我们都曾经听过的一句话：读书，先把书从厚的读成薄的，再由薄的读成厚的。这就是记忆的过程，在进行信息接收时，我们把一本书从头读到尾，由厚变薄；而记忆的过程就是把零散稀薄的内容层层梳理，最终恢复成一本厚厚的书籍。这时候，这本厚厚的书就存在于我们的脑中了。

以我们之前提过的定桩法为例，在记忆一篇文章时要经过以下几个步骤：

1. 熟读原文是第一步，我们必须先读完整本书，全面了解整本书的内容。

2. 在每一章节或者每一个故事当中，提取出关键词、关键内容。

3. 把整理好的关键词按照顺序排列，然后把每一个关键词都转化为图像，越生动越好。

4. 不要去看记录的关键词，自己闭眼总结一下，按照顺序回忆你所记录的关键词，回忆你想象的各个画面。

5. 把所有的关键词画面串联在一起，形成一系列连贯的图像，或者把每个关键词图像定桩，选择你熟悉的地方，可以是自己的家，可以是公园，哪里都好，只要是你熟悉的地方。

6. 根据你所串联的图像，逐步地回忆起每一个关键词所代表的内容。

7. 重复进行以上的 6 个步骤，直到你不再需要串联的图像和所有的记忆桩。

方法总是类似的，区别在于你所获得的结果。

我们开始可以选择一些较为短小的故事，如一些名家的短篇小说集，或者短篇散文。这些文章一般没有什么连贯性，都是各自独立的故事。我们可以先选择五篇故事，熟读几遍，确保自己完全理解了每个故事所讲述的内容。然后，我们分别在这五篇故事当中提取出对应的关键词。

在提取关键词之前，首先要做到尽量给文章注入更多想象力。书中的每一个场景都尽量在脑中构建出来，去仔细体会每一个角色的心理，他们的出场方式、行事作风、语言特点。可以想想在你的现实生活中，有没有很相似的朋友。你可以把角色名字套在所认识的人身上，脑中想象着同事或邻居在书中发生的各种各样的故事。

当我们读完一篇故事之后，不要立即去看下一篇，我们要留一点时间沉淀上一篇故事的内容。这时，我们可以放松一下，喝杯饮料或者吹吹风。回想一下刚才的内容，看看是否可以记起之前的情节。如果可以，那么去读下一篇。如果不能，那再去读一遍。别忘记，所有的记忆法都离不开重复。你阅读的效果越好，那么回想时就会越轻松。并且，充分熟悉阅读内容也可以避免你自己想象的图像覆盖了原文内容。

串联图像和定桩法我们都用过很多次了，想必大家也都轻车熟路，接下来重复去做就好。把五个故事串连成一段影片，或者给卧室、厨房、卫生间分别安排一个段落。当我们不再需要依赖记忆桩和图像就能回想起文章时，再去阅读下一个五篇、十篇，直到整本。

最重要的一点是，当记忆完一本书或者是很多篇文章之后，要记得多去使用它们。无论是作为聊天的佐料还是写作绘画的素材，只有时不时地使用它，它才能为你所拥有。记忆力是我们与生俱来的天赋，我们有义务让它发光发热、让它服务于我们的生活。

文明的变迁——浩瀚历史五千年

很多对数字不太敏感的人有个共同特征，那就是对于文字性的内容记忆力特别强。文字性的内容也有着不尽相同的记忆方法。

我们在前边学习了如何快速记住一篇演讲稿，也了解过诗词歌赋的记忆方法，本节将主要介绍历史内容的记忆方法。很多人都对历史特别感兴趣，痴迷于岁月长河造就的璀璨文明。但是由于历史内容繁杂、时间跨度巨大，记忆起来会产生很多困难。

我们都知道，历史总是惊人地相似，历朝历代似乎总在重复着同样的路线，崛起—倾覆—再崛起。生生不息，周而复始，总是发生着一些性质相同的事件。诸如农民起义战争、政治变法改革、各种条约的签订等。这些相似的历史事件很容易混淆，从而使我们无法准确地记忆。

在这种情况下，可以用比较的方法来区分不同时间段的相同事件。通过比较，我们可以清楚地发现历史事件彼此之间的相同点和不同点，它们有着不同的起因、经过以及结果，这些差异就是记忆的关键点。比如，郑和下西洋和哥伦布发现新大陆的比较；比如，抗日战争中，国共两党在抗战路线上的对比以及两次世界大战不同的导火索和结局。比较法的好处在于，它可以帮助我们从重要细节上区分不同的历史事件，既可以让我们避免混淆、看清真相，又能加深理解和印象，从而让我们能够准确地记忆这些历史事实。

我们都知道历史事件非常繁杂，越是文明久远的历史，内容就越复杂冗长，所以必要时我们需要采取归类的方法来帮助记忆，让知识变得有条理、系统化，强化记忆的同时还能锻炼我们总结归纳的能力。正如刚才说到的，不同的历史阶段里发生的同类事件，我们可以归为一类。比如，中国古代重要的八项水利工程、近代历史上西方针对中国发动的五次侵华战争、日本侵略战争中造成的五次事变、抗战岁月中红军的五次反围剿等，这些历史事件我们可以总结为一类进行记忆。以此类推，我们也可以把同一时间段的不同历史事件列在一起，以时间为线索来记录这些事件，这样可以使记忆内容更加清晰、准确。

类似的方法还有通过历史规律来划分相同的历史事件。我们都知道，历史有它自己的规律性。很多重大的历史事件，其爆发的原因都是出人意料的一致，而最终的结局也往往大同小异。我们可以从这些历史事件产生的原因、历史背景、发展经过以及对后世的影响来划分、比较，把具有相同规律的事件放在一起，如中外历史上都有过资产阶级革命爆发的事件，虽然发生的时间不一样，发展过程诸多不同，但是事情的根源都是封建政权的腐朽阻碍了资本主义的发展，从而导致了一场场革命。

不管是比较法还是归纳法或者是规律法，最终的目的都是将容易混淆的历史事件区分开来，然后进行二次整合。在这个过程中，我们等于重温了一遍历史，在加深理解的同时，赋予了不同历史事件全新的看法，然后根据自己的理解将它们重新整理到一起，再加以记忆。

这种方法最大的好处就是，我们可以记住更多的内容，而不用担心陷入一团乱麻之中。

第六章

过目不忘的面孔
——记住有一面之缘的人

医学界的难题——看不清的脸

有一种现象直到现在还困扰着医学界和心理学界，我们一般称之为“面孔遗忘症”，也就是俗称的“脸盲症”。

这种症状在过去一直被认为是比较罕见的，直到科学家们开始进行系统研究时才发现，实际上这种症状在全球都是很普遍的。面孔遗忘症，顾名思义，就是记不住人脸。医学上分为两种情况，分别是看不清人脸和无法辨别人的脸型。

有的人可以通过一些细节来帮助自己记忆，不过往往起不到什么作用。比如，他可以记住一个鬈发女性朋友，但是当这个朋友将头发拉直之后，他就记不起来了；或者一个黄发的人突然把头发染黑，那这个人也就从他的记忆中消失不见了；更有甚者，他记得你嘴角的美人痣，但是如果离得太远，看不到这颗痣，那么，他依旧想不起你。

需要说明的一点是，脸盲症患者并不是失忆，他只是单纯地记不住你的脸。他记得你的名字，记得他和这个名字的主人的关系，记得所有的一切……只是无法将这个名字和眼前的脸对上号。我们身边其实有很多这样的人，他们最显著的特征就是：分不清明星的脸，哪怕这个明星天天在电视荧幕上出现。

还有一种类型的脸盲症，这类人或许对于身边的人能保持相对良好的记忆，但是完全分不清外国人的长相。早在 1991 年，D. 斯蒂芬 · 林德赛等人就发现了这个现象。我们人类对于相同种族面孔的记忆力比对不同种族的要强。研究者一直想要找到产生“异族效应”的原因。于是，在 2002 年，奥利弗 · 帕斯卡里斯等人通过对 6 ～ 10 个月大的婴儿的“其他物种效应”研究，揭示了这个现象产生的原因。原来，我们的知觉在发展过程中发生了“知觉窄化”。

帕斯卡里斯通过婴儿进行实验，因为婴儿不会说话，不能像成人一样听懂实验的任务。所以研究人员采用“习惯化”范式来进行这类实验。研究员给婴儿重复呈现一张面孔的图像，直到婴儿不再主动盯着这张图片。然后等过一段时间以后，再同时给婴儿展示两张面孔的图像，其中一张是之前看过的，另外一张是新的。研究员根据婴儿对两张图片的注视时间长短来判断婴儿对面孔的识别能力。

如果婴儿的注视兴趣或者注视时间主要集中在新图片上，那就表明婴儿能够识别或辨别新旧面孔。

研究员发现，无论出现的是人脸还是猴脸，6 个月大的婴儿对新面孔的注视时间都明显长于熟悉的面孔，这个现象表明了 6 个月大的婴儿可以对人脸和猴脸进行良好的识别。而对于成人的实验结果却大为不同：成人对人脸有很好的识别能力，但是，对熟悉程度不同的猴脸的注视时间没有明显的差异。实验结果表明，成人对人脸的识别能力要高于对非人脸的识别。

为了验证我们是从什么时候开始丧失对猴脸的分辨能力的，研究员们用不同年龄段的婴儿进行了相同的实验。最后发现，9个月大的婴儿对于人脸和猴脸的识别反应开始类似于成人。也就是说，人类对于异类面孔识别的能力是在6～9个月的时候开始下降的。

基于这一项研究结果，戴维·J. 凯利等人又用美国白人、中国人和非洲人的面孔作为实验材料，对中国婴儿重复了之前的实验。结果发现：这个中国婴儿在3个月大时，对美国白人、中国人以及非洲人的面孔都能进行很好地识别；6个月大时能够识别中国人和美国白人的面孔，不能识别非洲人的面孔；9个月大时只能识别中国人的面孔，不能识别美国白人和非洲人的面孔。

这个实验最终说明，人类在知觉发展过程中，普遍都发生了“知觉窄化”的现象，逐渐丧失了分辨异族面孔的能力。但是这种现象是符合进化需求的，因为我们在大部分时间里是和同族进行接触的，准确分辨出同族脸孔对于我们的社会交往和种族生存是有利的。所以，我们的大脑会自动适应需要而作出调整。

但是脸盲症又是另外一回事了。面孔识别障碍，这是一种不存在任何脑损伤或其他基本认知能力异常的障碍。这种面孔失认症在人群当中的发病率约为2%，所以并非罕见的病症。

脸盲症除了让我们在观影、看电视时产生困扰，对于生活和工作也会产生不同程度的影响。试想一下，如果你是老板，而你手下的员工却根本无法将你的脸和名字对上号，无法准确地分清不同的同事和客户，这将对工作产生多么重大的影响？更为严重一些的，甚至连镜中的自己都无法分辨。

如果仅仅是无法分辨明星脸孔还好，但我们生活在社会群体中，每天需要与各种人打交道。这种情况下一定要寻找一些方法来克服，或者缓解脸盲症。

下面给大家介绍五个小妙招，不管你的脸盲症是轻微还是严重，都可以试试看：

1. 通过眼睛去分辨。眼睛是心灵的窗户，每一个人的眼睛都会释放出不同的信号。除了心灵窗户这个作用，眼睛还是面部记忆的窗口。无论在任何情况下，眼睛是人类最不可能随着时间变迁而改变的特征。岁月会带给我们皱纹、白发，但却无法改变眼中的光芒。我们经常看各种书籍、影视剧，里边总会有各种易容变装的手段。身体的外在可以发生各种变化，但是眼睛却总会出卖我们。所以，留意这个不变的特征，会减少头发颜色、长短、着装、体形变化对我们识别面孔时产生的蒙蔽和误导。

2. 信息加工。我们在之前学习记忆单词时曾经说过，记忆单词并不是记忆单词本身的字母，我们要记忆单词的发音、意义。我们会使用各种联想来帮助我们加深印象，甚至越天马行空越好。涉及面部记忆时，记忆大师们也很推崇这个方法。将一个人的名字和他的面部进行夸张的联想，想到这个名字，然后通过这个名字给你的提示进行搜索，最后把联想的提示契合到这个人的外貌上。

3. 提前知晓人名。人们对事先看到的名称会掌握得更好，就如同我们上学时进行的课前预习一样。在学习这一课之前，我们就对内容进行了大概的了解，所以，第二天上课听到某个名词时，会更容易掌握和记忆。

虽然很多初次见面的场合我们无法使用这个方法，但也有一些场合是可以用的。如果我们是老师，即将面对几十张陌生的脸孔，这时候我们可以提前翻阅花名册；如果我们要进行面试，至少可以查询该公司面试官的信息。了解了大致情况，你会对每一个名字均产生一种比较独特的印象。

4. 认真听。这就属于笨办法了，不过笨办法一般都很有效。我们在一个陌生的场合去见一些陌生的人，可能是生日聚会、公司年会等。这种社交场合一般会有人为我们进行引荐，但是场所可能会很喧哗，陌生面孔又多，很可能我们连名字都听不清楚，事后又不好意思再去问。所以，这时候我们一定要抽出时间对名字和面孔进行记忆，增加它的独特性。不用担心会错过下一个，记住一两个总比全部遗忘强得多。通过这种视听结合的方式，可以帮助我们尽可能多地记住人和脸。

5. 游戏。想要提高外貌记忆能力，用名人照片和名字来练习是一种比较可靠的方法。我们可以将自己喜欢的电影或电视剧的人物记录下来，找到每一个角色的照片，分别写下他们的名字。依次把名字和面部进行联想结合，然后打乱名字和照片顺序进行再记忆。这样简单地练习可以让你发现你的问题在哪里，怎样联想会记得牢固，怎样又缺少效果。这种方式可以减少我们对衣着打扮的注意力，可以把视线全部集中在人脸上。记住一批再换一批，从明星到朋友，一遍一遍去练习。不要忘了在前面的章节中，我们反复说过，重复是记忆的奠基石。

这些方法或许无法根治你的脸盲症，但至少可以让我们不再是跟所有人形同陌路的独行者，至少我们可以记住自己的亲人、朋友。长此以往地练习下去，我们能记住的面孔自然会越来越多。

陌生人的聚会——快速记住他们的方法

前面我们了解了脸盲症，知晓了我们遗忘人脸或记不住人脸的原因，并且根据不同的原因给出了一些具体的解决方法。在本节，我们暂且抛开脸盲症和遗忘的问题。因为相比久别重逢，我们在生活中遇到的更多的是初次见面的情况。

人类是群居动物，现代社会也是一样的。我们可能有固定的朋友圈子，但很多时候我们不得不参加一些陌生的聚会，可能是生日派对、婚礼庆典、公司年会以及一些商业活动。这些群体聚会有时候很讨厌，不想去但又不得不去。如果去了，又不好一个人坐在角落里发呆。

有的人天生擅长和陌生人打交道，可能几句话的工夫就可以和别人从陌生人变成好兄弟，但也有很多人不能适应这种场合。既无法和众人打成一片，也不能与陌生人找到共同的话题，一个人默默地吃喝完，孤独地等着聚会的结束。这类人除了不擅长沟通以外，很多时候是因为记不住在场的人。

主人可能会给大家依次介绍一遍，但我们却不能一次记住全部的人。过后又不好意思去问，所以宁愿把自己孤立起来。其实这并不是什么难题，在很大程度上是我们不愿意去记住别人。

有一个方法或许可以让你在聚会时快速地记住每一个陌生人。

我们都知道，和一个初次见面的人握手时，大家都会先自报姓名。名字是每个人最早递出的名片，也是我们记住某个人的标识。有的人名字很奇特、很有趣，听一次就可以记住，但是大多数的人名字很普通，我们经常在不同的场合听到过。所以可能听完就忘，或者跟记忆里其他同名的人混淆起来。

所以，这个方法首先是让你精准地记住这个人的名字，通过名字再跟人联系起来，做成一份生动易记的备忘录。举个例子，你受邀去参加朋友的婚礼，随请帖附送了一张座位表。表中可能有你认识的人，也有不熟悉的人。这时你要怎么记住这些人呢？

回忆一下我们在前边学过的路径记忆法。没错，选择一条合适的路径，把这些人名安排在不同的记忆桩上。一般来说，婚礼圆桌上的人不会太多，基本是 10 ~ 15 人。假设这一桌的人我们都不认识，也就是说，你需要记住 14 个人。这 14 个人如何分别放进自己的记忆桩呢？

假设名单上第一个人叫作张强，很大众化的一个名字。我们还没有见到本人，不知道他的体形外貌。但是听名字，大概可以判断这是一个男人。那么，张强这个名字可以给我们什么启发呢？

我们可以用很幼稚的办法——起外号。当然，这个外号你不能在饭桌上叫出来，心里记得就好。比如，你可以把他叫作“光头强”，就是现在孩子们看的那个动画片的主角。这样一来，看到张强这个名字，我们就可以自然而然地联想到动画片里那个滑稽的光头强，带着电锯被熊大和熊二追得到处跑。

我们把光头强放在第一个记忆桩上，等见到张强本人时，会想到这个人身后一直跟着两只不怀好意的狗熊。这样就很容易把名字和其本人联系起来了。方法可能会有些滑稽，但是这会帮助我们记住这个人。不管他是一个严肃的人还是喜欢开玩笑的人，都可以想象在他活动时，有两只笨狗熊在一旁做出各种动作，以此来加深自己对他的记忆。

接下来是第二个、第三个，一直到整张表上的名字都被我们附加上一个全新的形象，然后通过联想，让这个名字变得生动有趣。等见到本人时，再和他或她联系起来。这样我们可以很轻松地记住一桌所有的人。不过很多场合或许没人给我们进行介绍，只有我们自己去询问、观察。

比如，你和老板出席一个酒会，老板自然不可能给你引荐，这时就需要我们主动出击了。

在这种情况下，一般大家都会以公司的名义来做开场白。比如，“我是 ×× 公司的 ×××”，“我是 ×× 会所的 ×××”。这时，我们可以很自然地通过每个人所代表的组织来记忆。要知道，联想记忆法适用于大多数的场合。

比如，你和一家化妆品机构的负责人交流。如果对方是女性，自然可以把对方的装扮和一些常见易记的化妆品联系起来。可能对方画着浓浓的眼影，有着乌黑浓密的睫毛。你可以偷偷在心里给她起个美宝莲的外号，这个外号本身代表化妆品，而对方又恰好是化妆品机构的人。所以，很自然地就会给你留下深刻的印象。也可能有的人身上没有什么明显的特征，普普通通的相貌和着装，所从事的也不是具有代表性的工作。

比如，对方只是某物流行业的负责人，公司并不出名。那我们怎样去联想记忆呢？很简单，既然是做物流，那可以很自然地联想到快递一类的吧。听听他的名字，是否可以跟某些快递联系在一起？如果没有任何瓜葛，没关系，强行在脑中给他塑造一个形象。如果是长途货运，就想象对方开着一辆大型货运车在马路上驰骋；如果是小范围运输，可以暗暗联想码头工人，只要找到一个合适的形象来记住他就可以了。名字、长相、职业、性别，这些都是我们可以利用的素材。

当然，或许会有一些朋友觉得这种方法很费力。因为现在的人见面可以互换电话号码标记姓名，或者互赠名片。没错，这样确实很方便，但这些终究不是属于你的记忆。名片和电话会写着这个人的名字，但是你没有去试图记住他的话，这些物品都是没用的。你看着名片上的名字，怎么也想不起来这是谁，电话号码存在手机里也无法使你记得住这个人。而且，很多场合中并非所有人都会主动地交换电话号码、名片，我们的目的也不是收藏很多无用的卡片。

别忘了，这些方方面面的小事都是我们锻炼记忆力的机会。我们的大脑容量要比手机大得多，我们明明可以记住，为什么不尝试一下呢？

【记忆趣闻】

82 岁的美国康涅狄格州哈特福德市老人亨利·古斯塔夫·莫莱森是世界上“最健忘的男子”，因为在过去的 55 年中，他的大脑永远都只有 20 秒钟的记忆，不管遇到什么人或遭遇什么事情，莫莱森 20 秒钟后就会彻底忘记。

一切都源于 55 年前的一场大脑手术。莫莱森从孩提时代起就患有癫痫症，1953 年，美国哈特福德医院著名前脑叶白质切除术专家威廉·比切尔·斯科维尔为当时 27 岁的莫莱森实施了一次实验性的大脑手术，他切除了莫莱森的大部分内侧颞叶，包括部分海马状突起和扁桃体颞。然而令人做梦也没想到的是，大脑手术确实减轻了莫莱森的癫痫症，却让他患上了另一种怪病——深度健忘症，莫莱森的大脑失去了对任何最新记忆的存储能力！

2008 年 12 月 2 日，82 岁的莫莱森由于呼吸衰竭，终于在康涅狄格州温莎·洛克斯市的疗养院中离开了人世。这些年来一直对莫莱森进行大脑研究的麻省理工学院神经学家苏珊·科金证实了莫莱森去世的消息。

科金博士称，莫莱森的大脑将像爱因斯坦的大脑一样被保存下来，在未来继续用作科学研究。莫莱森的大脑是科学史上永远无法替代的研究物。

每个人的标签——如何记住名字

本节将主要介绍如何记忆人的名字。这件事听起来似乎很简单，但事实上它却时常让我们陷入困扰和尴尬。走在路上常常碰到一个似曾相识的人，明明都要张嘴打招呼了，却发现怎么都叫不出对方的名字。最后，只好带着僵硬的笑容敷衍了事。

人与人的交往中，准确地叫出对方的名字是一种尊重。记住别人的名字，并且正确地叫出来，对他人来讲是比任何赞美都要愉悦的事情。叫错或者写错别人的名字，在社会生活中则是一件非常令人难堪的事情。

我们中国人的名字相比英文名要好记得多，因为我们中国人的姓氏变化范围相对比较小，虽然我们实际存在的姓氏远远超过《百家姓》里的记载，不过好在大多数姓氏都是耳熟能详的，早已印刻在我们的脑海。日常交往中，一般对方报了名字，我们就可以比较轻松地想到对方的姓氏是哪个字，所以对姓氏的记忆不是很难。

我国的姓氏除了单姓，还有很多复姓，诸如“慕容”“西门”“端木”“诸葛”“欧阳”，等等。复姓在生活中出现的概率一般不是很高，反而更容易被我们记住。其中很大的一个原因在于，热播的各种影视剧里很喜欢使用这些复姓。

唯一会给我们造成困扰的，是一些多音字姓氏和同音字姓氏。比如，姓解（xiè）的会被人念成“jiě”，姓单（shàn）的念成“dān”，很容易使人尴尬，并且会让当事人感到不快。而一些同音字如果没有及时解释清楚，也容易混淆。比如，“于”和“余”，“严”和“闫”。一般来说，碰到这类情况的时候，我们最好主动询问一下对方的姓名到底是哪个字，避免混淆导致的误会。

中华文字博大精深，一个简单的字往往有着不同的含义，象征着不一样的期许。我国在取名这方面有着一定的讲究和习惯，如男女的名字，一般很容易分辨。带有“国”“刚”“强”“鹏”这些字的一般来说都是男生，而“红”“丽”“美”“燕”这一类多数是女孩子。从这些特征上，我们可以第一时间分辨出对方的性别。不过这毕竟是一些特例，在大多数情况下，我们可以通过名字先来记忆对方的性别，将男女分类，这样方便我们随后的记忆。

很多名字除了可以反映出性别，还能很直观地透露出年龄。时代的烙印一般很难抹去，如“抗美”“援朝”“忆苦”“思甜”“劲松”“向东”等，这一类名字一般很容易判断对方出生的年代。因为这些名字和当时的社会环境有着紧密的联系，所以通常我们可以通过对方的名字和当时的时代特征联系起来进行记忆。我们在记忆人脸时，也用过类似的方法，总之要记住一点，就是要把你需要记忆的内容和一些特征鲜明的事物联系在一起。

一般来讲，想要记住一个人的名字并非十分困难的事。我们更多的时候似乎是难在无法把名字和人脸对上号，对此我们可以尝试通过名字的各种特征来进行记忆。

很多人表示，记不住名字是因为重名的人太多，而且也不是所有名字都具有鲜明的特征。重名的情况虽然很常见，但是这恰恰方便了我们的记忆。试想一下，一个百八十斤的大胖子和一个娇滴滴的小美女共用一个相同的名字，这种强烈的反差难道不容易记忆吗？

记忆人名除了从长相、职业这些细节对照之外，我们还需要使用一些其他手段来进行记忆。

正常情况下，如果我们是初次见面，大家一般会有礼貌地作个自我介绍。这点在上节讲过，首先我们要认真听，听清楚对方名字的字音，这很重要。如果没有听清，一定要及时询问。相比未来相见不相识，当时问一下并不尴尬。你主动要求对方重复名字时，对方并不会觉得有什么不妥，相反会觉得你为人谦恭有礼，考虑周到，对你本人的印象也会加分。

如果想要记住一个词语或者段落，最好的方法就是理解之后的重复。名字也一样，它不需要我们去深入理解，所以我们多重复就是了。在我们交谈聊天的过程中，多称呼对方的名字，尽量不要用“他、她”代替。叫得多了，印象自然就深了，而且朋友之间的直呼其名也会让对方感到亲切。

在这里要提示一点，及时询问对方的名字，会使你避开很多尴尬。比如，有时我们互相介绍会使用名片，或者由第三者来介绍，为了表示亲切，他们总喜欢说这个是“小周”，这个是“老王”，我们虽然也可以这么叫，但总有称呼对方名字的时候，而且如果对方的名字是多音字，我们很容易叫错，造成尴尬。当然现在人们的社交渠道多了，一般互相介绍之后都会第一时间互留电话，或者是通过各种社交软件来保存对方的信息。这样的好处在于信息的准确性加强了，但是一味地依赖工具，会使我们的记忆打折扣。所以，万无一失的方法就是，社交软件和手机用来保存对方的名字，同时，我们也要发声去称呼对方。多管齐下，准确记忆，尊重对方，同时也给自己加分。

有的时候，如果对方的名字太过特别，而你又对那些字不太熟悉，叫得比较生硬时，便可以采取一些小手段来帮助自己记忆。我们都知道，现在父母给孩子取名字时都喜欢个性化，有人喜欢翻《诗经》，有人爱挑选一些生僻字。遇到这些名字时，总会给我们的记忆带来一些麻烦。很多写出来很漂亮的名字，读起来却不那么容易。

所以，这时候我们可以跟对方聊聊，如问问对方的名字有什么含义？姓氏是否有什么来历？大多数人对这个话题很感兴趣，你会惊讶地发现，几乎所有人都可以将自己的名字说得头头是道。不管是真实意义还是自己生搬硬套的，总之这个名字会承载一些特殊的意思。

我们在很多章节里说过，记忆的作用是储存与使用。称呼别人的名字就是我们记忆人名的目的。一般来说，我们大部分的初识应该都是聚餐、游玩这一类场合，大家总会聚集在一起做各种活动。我们要把握时机，尽量多地去叫那些你觉得不太好记的名字，或者初识者的名字。可以试着寻找一些话题进行交流，或者休息的时候回忆一下大家认识的场景、互相介绍的场景。在脑中重复一下，自己默念对方的名字，将名字和场景联系在一起，串联记忆。

第七章

你的忘性大吗？
——解决生活中的记忆难题

匆忙——被遗忘的钥匙

不知道大家有没有遇到过这类人，或者你们当中是否有人本身就是如此？出门之前可以很细心地打扮化妆，清点手机、充电器、钱包、各种卡片，但是唯独不去理会钥匙。出门的时候意气风发，到家后却只能傻傻地站在家门口，这时才想起钥匙不知道扔在了哪里。

其实这种现象是属于功能性健忘的一种。我们的大脑皮层记忆功能出了一些问题，或许是因为工作的压力和生活的疲惫，记忆在大脑皮层的特定部位常常扎得不深，前一秒想过的事情下一刻就消失不见。

我们都会有忘记带某些东西的情况发生，不过一般不会重复出现。而反反复复因为一件事摔跟头，这就不是健康的状态了。有些人已经习惯了遗忘，并且接受了这种状态，直到愈演愈烈。如果这种习惯性遗忘不及时抑制，时间一久，我们的记忆力就会严重下降。因为我们很少主动去使用记忆力，甚至任由记忆力下降，也不去做任何改变。

其实改变这种健忘很简单，只是大多数人并没有意识到自己的问题。除了保证充足的睡眠和健康的饮食之外，我们也要在业余时间多做一些舒缓身心的事情：多听一些轻柔舒缓的音乐；多背诵一些简短的小诗。吃饭的时候可以多咀嚼；走在路上时可以给自己嘴里放块口香糖。科学证明，人的咀嚼是防止记忆力衰退的有效方法。

要及早意识到自己的问题所在，并及时纠正。要知道遗忘从来不是什么小事。

无奈——记不住的电影

测验记忆力的方法数不胜数，除了大家常见的记忆扑克牌、圆周率这些比较高难度的挑战之外，生活中的点点滴滴都可以测验我们的记忆力。

或许我们并没有察觉记忆力的重要性，但是它总会给我们生活的方方面面带来困扰。也就是我们常说的忘性大、记不住。记性不好的人往往会出现忘记带钥匙无法回家的无奈、想不起来迎面跟你打招呼的人是谁、看完一部小说转眼就记不起内容等一系列的状况。但好在这些情况都不是很严重，只要我们稍稍用点心去改善，记住它们完全不费力气。

电影跟小说一样，我们很多人在看完一部电影之后，很快就会忘记其中的内容。可能身边的朋友还在兴致勃勃地讨论着剧情，发表各自不同的看法和意见，而你却绞尽脑汁也回忆不起这些情节是在哪里出现的。等到过一个星期或者几个月，大家再次谈起这部电影时，你就更加想不起它讲的到底是什么了。

现在很多电影喜欢意识流，表达方式很晦涩，或者是一些线索繁杂、冗长的影片。看懂就不易，更别提能记住了。一般来说，看完这类影片之后，我们可以和朋友做个游戏，或者一起讨论。这种讨论游戏并非对影片本身的评价，而是围绕某个片段和线索往下回忆。看谁记忆得比较准确，可以回忆起更多的内容。

女生可能喜欢喜剧片、言情片多一些，男生则对动作片、恐怖片更有兴趣。我们以这四类影片举个例子，其实这些影片有很多可以激发我们记忆兴趣的内容。

恐怖片内容很杂，主要有鬼怪类、血腥类、惊悚类还有悬疑类。日韩泰的恐怖片一直占据国际魁首的地位，因为这三个国家的恐怖片很少使用大量血浆和血腥场面做文章。它们的恐怖片一般故事性比较强，尤其是泰国的恐怖片，糅杂了很多民俗元素在其中。每一部影片让你在心惊肉跳之后，又能体会到一些其他的东西。日韩类恐怖片主要以音效和镜头语言带给我们无限的战栗。这一类影片通常是在惊悚死亡之后，揭示一些悲剧的根源，或深刻或莫名其妙。总之，在酷暑难当的夏日看一部，“降温”效果比空调要好。

而欧美在悬疑类影片上做得比较出色，恐怖的氛围却略低一筹。大多欧美恐怖片基本都是使用大量的血浆和各种视觉刺激的血腥场面来表现的。故事性弱，一般就是一群年轻的俊男美女“争先恐后”地去作死。

按理说，这种能带来生理、心理刺激的影片应该更容易被我们记住。因为大脑对恐惧惊吓的情绪特别敏感，而我们在经过连番冲击刺激之后，也会对这类情节印象比较深。所以记忆恐怖片最简单，只需记得所经受的惊吓就可以了。可能有的朋友说，我记得害怕的感觉，但是忘记是什么镜头让我如此紧张了。这种情况可能是惊吓过度导致的遗忘。

我们看一部影片，首先要记得片名。一部影片的名字起的是点明主题的作用，就像一本书的书名、一件电器的名字、一道菜的名字。很多影片的名字很直白地点明了全片的主题，记住一个片名就相当于记住了故事的梗概。

举个例子，如恐怖片界知名的《午夜凶铃》《咒怨》，看名字就基本知道这是一部什么样子的影片了。然后是海报，电影海报除了用作宣传之外，我们还可以通过海报中演员的造型装扮来猜测故事的内容。

所以很多说自己看完电影就忘记内容的人，也许并不是记忆力差，而是根本就没有真正去地看电影。观影不光需要眼睛，还需要我们的大脑时刻跟着剧情来动，需要我们跟随不同的桥段去调动相应的情绪。恐怖的画面会让我们受到惊吓，血腥的画面会使我们感到恶心，厮杀的场景会让我们揪心，逃出生天的段落会让我们产生希望。这些不同的情绪所构成的就是我们之前提过的情绪记忆。

一部影片结束之后,我们可以和朋友就某个情节展开各种讨论。所有看完电影的人都有向别人倾诉的欲望，或解答或提问，甚至某个角色的衣服很好看，某段背景音乐很好听，都可以成为我们讨论的内容。想要记住电影内容一点也不难，把别人的故事变成你自己的，然后把你所经历的故事名称记住，就这么简单。

崩溃——永远找不到路的“路痴”

有没有发现，我们身边逐渐多了这么一种人。他们分不清东南西北，找不到自己想要去的地方，哪怕是问路也问不明白。走在城市的街道上也会迷路，一个地方无论去过多少次都记不住，刚刚经过的地方让再去一次，也办不到。他们的方向感非常差，对自己所经过的路不注意观察，记不住每个路口的方向。对这种人有一个称呼，叫作“路痴”。

一个叫睿文的女孩在贵州工作，天天迷路，天天打车，一个月的工资基本都用来打车了。睿文本想在工作单位附近租个房子，但是她经常迷路，身边又没有朋友，实在是不方便。于是，她只好跟朋友搬到了一起。工作和住处都安顿好了，休息了一个周末，第二天她起来上班。走出住处之后，毫不犹豫地叫了出租车，沿途仔细地观察着周边的路况和标志。但很快她发现这招没有用，因为所有地方都差不多，记了也是白记。等到下班之后，她专程问了同事公交车站在哪里。但是出了酒店门她就找不到公交站了，徘徊许久，最后还是打车回了家。

朋友知道之后告诉她出门向南左转就是公交站。她牢牢记在心里，第二天下楼转了几个楼梯之后，她就忘记了哪边是南，最后依旧是打车上班。对此她很委屈，她说：“我记单词很快的，就是记不住东南西北！”她自己算了笔账，从住处到酒店一个来回是40元，自己实习月工资2000元。每个月的工资基本全用在了打车上，经济开销严重增长。

对睿文的这种情况医生解释说，这种情况在生活中比较常见，不能算病态，只是因为对空间定向感不好。尤其是对交通路线这种大范围的空间感差，本来女性的空间定位能力就比男性差。当然，也存在个体差异，像睿文这样的情况，反映出她的非大脑优势半球功能比常人差些。而且注意力和依赖性也是造成“路痴”的主要原因。

这是一种特别有趣又无奈的现象，“路痴”们的记忆力并非在所有方面都差。他们或许背单词很快、记文章很强，但就是无法正确地找到路。“路痴”并非病态，可又确确实实给我们的生活造成了极大的困扰。

研究人员曾经做过实验，对于大多数动物来说，确定方向寻找路径并不是困难的事情。以动物界的认路高手——金黄地鼠为例，即使研究人员把它们的眼睛蒙上，并且用复杂的路线将它们带离巢穴，他们依旧能够找到回家的路。它们不需要小心地寻找方向，而是以直线路径快速飞奔回家。后来的实验表明，除了金黄地鼠，蟾蜍、蜘蛛、鹅也都具有同样的本领。

但是，我们人类这种所谓的高等动物，寻路的本领倒不如它们。

研究人员用同样的方式对人类进行了实验，结果没有一个实验者能成功地走回起点。不是走过了就是没走到，这个实验直接表明了人类导向能力天生就很差。

研究人员还做了一个虚拟迷宫，让被试进入虚拟迷宫，试图激发被试的导向能力。迷宫中有很多类似捷径的标记，似乎通过这些“捷径”就可以很快地到达目的地。但凡掌握点几何知识的人都应该知道，这些“捷径”其实都是“陷阱”，根本无法到达目的地。但是，被试们都义无反顾地掉进了“陷阱”。

这项实验表明，人类在判断方向的时候，几乎都不会去考虑几何学的知识，而是通过路牌指引认路。即使依靠建筑，我们也只是参照建筑告诉我们该左转还是右转，至于这些建筑的空间分布却不在我们的考虑范围之内。

早期人类也是通过几何学知识定义周围世界，判断方向的。然而随着人脑的逐步开发，脑袋里储存的经验越来越多，推理能力越来越强，反而逐渐地丧失了这种精准导向的能力，而是要通过推理和经验，通过建筑和路牌，寻找回家的路。麻烦的是，人类和动物精确计算距离和方向的能力不同，我们只能依靠周围环境的标记或各种工具来判断方向，这很容易出错，从而导致完全迷失方向。

医生告诉我们，这些有“路痴”症状的人并不是脑子有什么毛病，只不过他们的定位感要比常人差一些。定位感分为空间定位感和时间定位感，空间定位感差的人，无法判断自己所在的位置，所以找不着路。

但是这不意味着“路痴”就只能“路痴”下去，我们依旧可以通过训练来改善对路径的记忆能力。标记好位置，拿着纸条找路，看似是笨办法，但其实是一种很好的训练方式。虽然这种训练只能让我们找到常走的路，却无法提高我们找路的能力，不过那也比完全不认路要强得多。

另外，有专家也给出了建议，那就是尽量少用 GPS。虽然 GPS 可以精准地给我们定位，但是这意味着你是被机器指挥着向左向右。到达目的地之后依旧记不住路，下次还得用它。所以建议大家，GPS 可以用，但是使用的同时尽量倚靠我们自己的大脑去记忆。无论是使用简易地图还是用建筑物做参照，尽量摆脱对工具的依赖才是正途。

【记忆趣闻】

自然界中有一种鸟类，叫作克拉克星鸦。这种鸟为了给冬天储备足够的粮食，其大部分的时间都在辛苦劳作，它们把收集来的松子衔出森林，然后埋在一个很远的地方。每年秋天的时候，一只克拉克星鸦要把 2.2 万到 3.3 万粒松子埋藏在接近 5000 个不同的地方，占地面积大约 15 平方英里。

克拉克星鸦用来储存食物的地方很多，但它们不会立即使用被埋藏的食物，只有到了冬天或初春来临，食物奇缺的时候，才会逐个挖开埋藏点，食用储备粮。这代表着克拉克星鸦有着惊人的记忆力，无论时隔多久，也不会忘记自己当初埋藏食物的地方。

倾听——记住听到的话

我们每天除了吃饭、睡觉，大部分时间都会主动或被动地去听、去看很多东西。表面上看，我们似乎总是在被动地接收各种信息，但事实上并非如此。比如，课堂上老师在喋喋不休，会议室里老板在侃侃而谈，下班回家路上人声鼎沸，这些有用无用的声音通过我们的耳朵传递进大脑，流失一部分，留下一部分。但你是否想过，我们在将注意力集中在某些人身上，听对方在说什么时，其实是处在非常积极主动的状态下。在这个过程中，虽然我们自身可能没有意识到，但身体器官已经接受了大脑的调动，自觉地集中精力去听、去记忆相关的信息。

对于很多过耳即忘的人来说，本节的内容可以有效地帮助你记住听到的内容，改变我们在别人眼中心不在焉的形象，让我们的耳朵成为有效的器官，而不是无用的摆设。

人类有四种交流方式，分别是听、说、读、写。其中听占据了53%的交流时间，是我们交流的主要方式。我们从很多渠道都听过一句忠告：会倾听的人更容易成功。这句话说得很在理，但是要明白一点，听，并非是安安静静、一言不发地听别人去讲。研究人员曾经做过相关的实验，实验结果表明，一个人在听完另一个人说话之后，一般只能记住谈话内容的一半而已。这一半内容如果在未来没有被重复提起，那将会在两个月内被完全忘记。不过，考虑到每天我们听到的信息量过于巨大，这样的遗忘率也是可以理解的。

通过倾听来进行记忆的方式有多个关键要素，首先我们必须关注对方，在关注对方的情况下去听，在听的过程中要保证理解对方的意思并给予一定的回应。因为听和听见是两个不同的概念，如我们去嘈杂的夜场，很多声音会传进我们的耳朵，但是我们无法听清个中内容，又或者一群人在讨论一些你并不感兴趣的话题，可能你就没有心思再去听了。大家讨论的声音犹在，但对你而言，可能仅仅是背景音乐而已。

而关注就相当于我们锁定了目标。一群人当中可能有人说到了你，或者提到了你感兴趣的内容。这时我们会主动地将注意力集中在该话题上，并且有意识地排除其他不和谐的声音，你的关注程度会决定你可以收获多少有用的内容。所以在这一阶段，我们同时也应用了理解的功能。我们要理解讲话者的语言，要明白他说的是什么，要能听得懂他所讲述的内容，有了理解力，你才能从中获取所需的信息。

最后就是给予反应，这是最后一步。我们通过对方的讲述形成一些自己的观点、看法、疑问，然后反馈给讲述者。这个交流的过程必须建立在上边说到的三步上，因为如果没有认真去听或者听不懂，我们便无法反馈意见。就像我们上课没有认真听讲的话，很难答出老师的问题一样。那我们要如何成为一个合格的听众，并且通过倾听记住自己需要掌握的内容呢？

这里要提到一个熟悉的字眼“关键词”。在前文我们学习记忆整篇文章和全脑速读时讲过，快速提取关键词，从而围绕中心内容展开搜索和学习，这是提高记忆效率最好的办法。倾听也是一样的，每个人讲话的方式不同，并不是所有人都是惜字如金，句句切中要害。很多人往往喜欢做各种铺垫，穿插各种自认为很有趣的段子，或者绕来绕去却说不到点子上。这种情况下，我们会浪费很多的时间和精力，而且还不一定能取得理想的效果。

所以，倾听时也要及时分辨出讲话内容中的关键词。因为我们作为听众，思考的速度总会比陈述者快一些，所以我们要从对方的话语中快速找到中心内容，围绕着重点去听取讲话者的发言。剔除那些无用的语句，减轻大脑的记忆负担。如果讲述者的水平实在过低，或者太过高深，让我们无法在第一时间理解的话，一定要勇敢地问问题。只有提问，才能确保我们能正确理解所听取的信息。

很多听众都有边听边记录的习惯，因为我们通常对自己大脑的记忆并不是很有信心。没有关系，手耳同步是可取的方式，只是我们最好在手耳同步时，带上自己的嘴巴。也就是说，我们要尽量学会用自己的语言去复述陈述者所讲的重点内容。因为每个人的语言习惯和讲话方式的不同，会导致记忆内容上的偏差。所以，我们最好用自己习惯的方式来复述一遍，这也是检查我们自己是否真的理解了。在这种倾听记忆的情况下，我们的反馈可以适当地减少，除了必要的提问之外。

一般来讲，总是记不住别人说什么的人，很大一部分的问题在于自己。这类人习惯于不等对方讲完就急于阐述自己的观点，或者根本没有弄清楚对方想说什么，没有理解对方的意思，就贸然地下了结论。这种习惯一定要避免，不光是礼貌的问题，它还会影响你的记忆。因为在你打断对方、提出自己的看法时，你的大脑优先进行了自我意见的组织，放弃了对他人话语进行分析的能力。这会让你只关注自己想说什么，从而忘记对方说了什么。

所以，一定不要打断别人的讲话。听完别人的论述和意见之后，不要急于发表意见。你可以自己默数几个数，这一点停顿的时间会帮助你吸收其他人所讲的内容，系统地作个总结，从而确保我们的发言更加准确而完善。你所留出的准备和吸收的时间，对于我们长时记忆也是很有帮助的。

而且，不要自作聪明地去预测对方的观点或者看法，要确保自己的思维和对方的讲话保持一致。所谓的提前预判只会打乱记忆的步骤，使得之前的记忆和后来的记忆无法相互衔接，最终导致遗忘。应与对方的讲话保持同步，在准确听完别人的讲话之后再吸收、下结论。

如果你所听的内容不需要你立即给出回复，可能是第二天或者第二个月，那我们要怎样保证自己可以清楚地记得之前所到的内容呢？很简单，刚才说过的，用笔记录下来。整理思路，理解对方的话语，找出关键点，然后用你自己的语言将它复述出来，并且认真记录。

总结下来很简单：寻找关键词，围绕关键词梳理出框架，理解听到的内容，并且转化成自己的语言。在提问或者下结论之前，把事实和观点区分开来，事实是有根据的，而观点属于我们个人的看法。事实可以据实记录，观点只能做参考，因为每个人的观点都不同，而事实是不变的。

每个人的经历和看法都是独到的，要学会接受各种不同的意见和观点，而不是死守自己认为正确的东西。只有去听，你才能学习，学习必须要理解，而当你理解了，自然也就记住了。这样一来，无论生活小事，又或者是学习、工作难题，都可以迎刃而解，轻松牢记。

第八章

记忆也能自娱自乐
——玩玩记忆智力游戏

勇敢者的游戏——盲拧魔方

魔方，又叫魔术方块，由匈牙利布达佩斯建筑学院的厄尔诺·鲁比克教授在1974年发明，因此又称“鲁比克方块”。和中国人发明的“华容道”、法国的“独立钻石”并称为智力游戏界三大不可思议的奇迹。

鲁比克教授当时是想制作一个帮助学生增强空间思维能力的教学工具，结果在制作的过程中发现，如何把打乱的颜色方块复原，似乎更为有趣。于是，魔方这种智力玩具问世，随即迅速风靡世界。魔方游戏发展得异常迅速，由开发者和狂热的粉丝研究出了各种新奇困难的玩法，原本作为教学工具的魔法方块摇身一变，成了智力游戏界的翘楚。

玩过魔方的朋友应该都知道，拧魔方并不是一味地碰运气，它有一个固定的运算公式。只要熟悉了运算公式，就算是菜鸟也可以成功地复原魔方。随着魔方本身的持续开发和演化，玩法也从基本的运算复原演变出了更加高难度的挑战：盲拧魔方。

盲拧魔方，就是玩家先观察魔方的状态并且进行记忆，记住之后，蒙住双眼快速还原魔方。从第一眼看到魔方开始计时，直到完成复原。也就是说，记忆魔方的时间也算在总时间内。

爱好者们一定看过各种比赛视频，那些参赛者一脸漠然，盯着魔方看个半天，然后蒙上双眼，双手如风拧动方块，几十秒后，一个复原的魔方便出现在大家的眼前。作为业余玩家和门外汉，每次看到盲拧魔方的视频，都会觉得“太神奇了！”“他们是如何做到的！”后来研究人员经过一番研究发现，盲拧魔方虽然看起来很神奇，但它的原理其实也很简单，我们稍加练习也可以做到。

就像以前说过的，记忆力的功用可以体现在任何方面。盲拧魔方其实就是对我们记忆力和空间想象力的考验。

以我们最常接触的 3 阶魔方为例，3 阶魔方一共是 26 块，6 个中心块，8 个角块，12 个棱块。中心块是相对固定的，所以当我们在记忆还原的过程中，只要始终记得其中某一颜色在下，某一颜色在右就可以，不必分神再关心 6 个中心块。

其他的 20 个块中，每一个都存在着位置和方向的问题。比如，角块只有 3 种颜色，所以只有 3 种方向：正确、顺时针转、逆时针转。棱块颜色是 2 种，那就只有正确和错误这 2 种方向。位置的问题更加直观，因为角块只能和角块交换位置，棱块也只能和棱块交换位置。

明确了这些原理之后，我们通过一套固定的记忆编码方法，把你所看到的 20 块的状态进行编码，在脑中形成记忆的路径，随后就可以尝试利用公式来还原整个魔方了。这一套方法看起来似乎有些难懂，但你拿起一个魔方对照着看，就会发现它其实很直观。毕竟魔方是固定的物体，搞明白它的部件并不困难。

盲拧魔方的方法也有很多，不同的人习惯用不同的方法，我们可以依次来试验一下，看看我们更适合哪一种方法。二步法、三步法和四步法是盲拧爱好者最常用的三种方法。

游戏者在盲拧时用“角块方向”—“棱块方向”—“角块位置”—“棱块位置”—“奇偶性校验”这五个步骤还原的方法，被称为“五步盲拧法”。“五步盲拧法”中最后一个环节“奇偶性校验”可以省略不做，所以也叫作“四步盲拧法”，简称“四步法”。

当然，这几种方法一般适用于比较熟悉魔方玩法的朋友。如果是初学者，可以尝试以下方法。

入门级别的盲拧技巧叫作逐块盲拧法，一共分为四步：角方向、棱方向、角位置、棱位置。为了帮助我们记忆，需要给魔方的块进行编号。每个人编号的方式不同，这一步可以自行设置。

编号之后自然是依次记忆，要准确地记住哪些是高级面，哪些是中级面以及低级面。想要判断每个块的方向是否正确，要看该块的最高级色与所在位置的最高级相对位置。这些都是需要我们下一番功夫去记忆的，等到我们不看魔方也能在脑中呈现出立体图像时，便可以套用公式，开始上手实践。

盲拧魔方并没有大家想象的那么困难，作为初学者，可能看到那些陌生的公式和杂乱的方块会有一些本能的畏惧。但是不用担心，记忆力创造的奇迹早已屡见不鲜，只要我们勤加练习，就很容易做到。开始学习的时候不用担心时间太久，只要可以结合编码记忆成功复原就是胜利。至于速度，是可以通过反复的练习来提升的，这一点我们在之前的训练中反复提及了很多次。

我国厦门的一个 8 岁小男孩在世界魔方公开赛上成功完成了五阶魔方盲拧，在此之前，他曾经以 4 分 49 秒完成三阶魔方盲拧，打破了吉尼斯世界纪录。在世界盲拧公开赛中，中国迄今为止只有 12 个人完成，这名 8 岁男孩排名第 10。

还在犹豫什么，赶快买个魔方回来玩吧！等到你可以成功盲拧的那天，去和朋友分享炫耀一下，看着朋友们惊奇的目光和叹服的掌声，你会不会有一点小骄傲呢？

瞬时记忆经典——快速寻找

“找你妹”这款休闲小游戏前两年迅速蹿红，占据手游各大榜单，被成千上万的网友下载安装。无论上班上学还是吃饭逛街，你都会看到他们平端着手机，紧张地移动着手指。

游戏开始后，屏幕会显示各种乱七八糟的物件。有衣服、家用电器、动物、食物、交通工具、瓜果蔬菜等。一大堆的东西占据了屏幕，你需要移动手指，翻动页面才能看完。而这时，游戏开始了。弹窗提示会告诉你需要找到的东西，如动物 ×3，或者会飞的东西 ×5，然后倒计时开始。玩家要在时间跳回0之前找到这些东西，才能进入下一关卡，如果失败，需要从头开始。

“找你妹”是一款特别有趣的记忆力游戏，是检验瞬时间记忆的最好方法。在杂乱的图像中寻找题目要求的物体，需要建立在对此物件具有形象记忆的基础知识上。就如同打字员在录入文本资料时，需要看一段打一段，保证速度和内容的准确性。打字员不需要把整篇文章都记住，只要知道接下来要输入什么内容就可以了。

游戏也是一样，我们不需要把整幅图都记下来，但是在看到提示时，我们脑中必须要瞬间产生反应，从而驱动手眼去寻找。大脑在这一刻对照着不同图片进行甄别的过程就是我们瞬时记忆起作用的体现。这个游戏除了考验记忆力，同样也检验着识别的速度。

具有相同效果的另一款经典游戏，名叫大家来找茬。

这类小游戏的一大特点就是简单、方便，不会占用我们很多的时间，但却对锻炼记忆力有着很大的作用。这款游戏除了自己挑战之外，还可以进行多人对战。游戏规则很简单，在规定的时间内，找到两幅图的不同之处，以最快的速度找出最多不同的一方获得胜利。

我们可以试一下，用相机在同一个地方拍摄多张照片，然后在规定的时间内，找找看几张图片都有什么差别。不要奢望你会拍出一模一样的照片，蛛丝马迹也不要放过，找出它们的不同。

游戏开始很简单，越到后边越难。开始的图片可能只要看一眼就能发现不同之处，而越往后图片所包含的信息就越多，而留给我们的时间却不增加。所以我们必须在固定的时间里，凭借对一张图的记忆，迅速寻找出另一张图的不同之处。

这些小游戏可以大大地提高我们的自信，可以更加熟练地运用我们所学过的一些记忆技巧，带给我们更多的快乐。

生活的妙趣——酒令游戏

记忆训练不分年龄，也不在乎场合。我们可以自己默默地进行记忆训练，也能和其他人一起来进行。很多人希望可以把学习方式变得有趣，最好可以跟生活融为一体。比如，去菜市场买菜的时候，记住每一种时令蔬菜的价格，或者去超市购买水果时记住更多的品种。下面为大家介绍将记忆力发挥到类似的游戏中去的方法。

游戏中有一种比较新颖的项目，叫作“大三园”，这三园分别是“蔬菜园”“水果园”“动物园”。

“大三园”的游戏规则是这样的：一桌人围坐，由任意一个人作为起头的人，顺时针或逆时针作为顺序，起头的人在大家都准备好之后，会喊出“大三园”其中的一个园。比如，“蔬菜园里有什么？”然后他的下一个人必须在3秒内接住起头人的问题，如回答“茄子”。第二个接住之后就是第三个，然后依次类推。如果这一轮当中没有人说错，没有人重复，那么继续传递转圈。如果有人断掉了，将接受惩罚，同时他将作为新的起头人来喊某某园里有什么。

这个游戏的难处在于，你必须听清楚起头人说的什么园，并且要记住包括你在内的所有人都说过了什么，因为在一轮游戏当中是不允许有重复的名词出现的。所以你必须集中注意力，同时调动你大脑深处那些平时只在吃东西时才会出现的记忆，并且把它们码放好，准备随时扔出去。

当我们掌握游戏玩法之后，可以适当地提高一下难度。我们最爱增设的环节就是，如果有一个人说错了，或者是故意说错的情况下，下一个人接了上去，无论接的对错，一同受罚。

这就需要我们在集中注意力、调动记忆时，还要保持高度警惕。因为你算不准哪个讨厌鬼会在“蔬菜园”里突然给你蹦出一个“苹果”。如果你足够警惕，适时闭嘴就是了，否则无论你接了“香蕉”还是“青椒”，都算你失败。

其实我们可以想一想，提起“蔬菜”“动物”“水果”，我们脑子里都会涌现出大量相关的词汇，觉得自己可以信手拈来。但是在游戏当中，我们却时常因为卡壳而失利。这不仅仅考验我们的反应速度，更多的是考验我们记忆的精准性。或许在你听到口令时，你意识到了要说什么，更机灵点的会多想几个词汇，以防被自己之前的人抢先说掉。但是如果真的轮到你时，你准备的词汇正好被说完了，你有足够快速的记忆检索能力吗？你可以在 3 秒读秒结束前，迅速地从记忆库里检索出另一个替代词吗？

“动物园”其实相对较为简单，因为这里的名词不容易混淆，而且范围极广，天上飞的、地下跑的、水里游的，甚至是昆虫，都可以被当作动物来使用，重复的概率也不大，有人说熊猫你还可以说小熊猫；有人说藏獒，你还可以说哈士奇。

“蔬菜园”和“水果园”是我们容易犯错误的地方，因为从某种意义上讲，它们都算是植物。在激烈的游戏进行时，我们或许无法准确地给词汇进行分类。人都会紧张，紧张会导致我们判断失误。比如，有的人会着急地把南瓜算进水果堆，也有人会分不清番茄到底算水果还是蔬菜。有的人也会要滑头，如曾经有一个人说了土豆，然后他后边的人说了马铃薯，第三个人接了地瓜。

除了专职学习动植物学的朋友，我们大多数人对于植物动物的了解基本来源于影视剧和文字资料，尤其是蔬菜水果，这些几乎每天都出现在生活中的家伙。就算再讨厌瓜果蔬菜的人，如果天天看见自己家果盘满满，冰箱满仓，也只能无奈地记住它们的名字。作为非职业人士，我们一般不会对这些食材产生太大的兴趣，它们更多的时候仅仅作为一个名称来被我们熟识。所以，在我们的记忆库中，它们属于最易激发，但又仅限于表层的一批信息。

记忆力有时并不单纯是我们背下了多少内容，更重要的是我们可以随时根据需要把记忆的东西提取出来。我们必须有进有出才能循环往复，不能一味地记住各种内容，但是却无法在最合适的情况下提取出来。记忆力是很灵活的，它可以向上向下，也可以向左向右，我们无时无刻不在使用它。

就比如这个叫作“大三园”的游戏，如果我们厌烦了跟瓜果蔬菜动物打交道，很简单，换成其他的园子就好。比如，学院派可以玩“古诗词园里都有谁？”“化学元素有什么？”“谓语动词有哪些？”当然，如果这个比较无聊的话，可以试着换成“酒水库里有什么？”“停车场里有什么？”

各种各样的“园子”等着我们去喊出来，生活中的点点滴滴都可以成为我们娱乐的工具，它们在带给我们欢乐以后，再充实进记忆中。与此同时，在记忆力的检索速度和精准分类这件事上，我们也就不需要再去做其他严苛的训练了。

打牌高手的秘密——记住扑克牌

【记忆趣闻】

多米尼克·奥布莱恩是第一届世界记忆锦标赛总冠军，不仅如此，他还分别于1993年、1995年、1996年、1997年、1999年、2000年、2001年获得世界记忆锦标赛冠军，另外在1994年与2002年获得亚军。也就是说，多米尼克自从世界记忆锦标赛开办以来，总共获得了8个冠军头衔、两个亚军头衔，是人类历史上最令人钦佩的记忆力天才。他曾经自曝自己记忆扑克牌的方法——路径记忆法。

多米尼克选择了一系列自己熟悉的地点，他称这些地点为记忆桩，并将它们组合成一条路径；接着他就开始给每张扑克牌编码，即把它们想象成某些人、事或动物，然后再将这些想象物与记忆桩联系起来。比如，他设计的路径是：第一个记忆桩——前门；第二个记忆桩——隔壁邻居家的屋子；第三个记忆桩——公共汽车站；第四个记忆桩——报亭；第五个记忆桩——停车场。

而他将方块6想象成一架飞机，黑桃3是一段木头，梅花5是一只可爱的小狗，红桃8是他自己，方块4代表一堆现金（因为方块看上去很像钻石，钻石代表现金）。这样，当多米尼克依次翻开这些牌时，他的路径就建立起来了：有一架飞机停在我的家门口，我走出去，却看见邻居家的房门外靠着一根木头；我想出门，于是来到了公共汽车站，那里有只可爱的小狗正朝着人群狂吠，而我此时正打算去报亭买一份报纸，以便在车上打发时间，然后竟然在停车场看到一捆现金。就这样，多米尼克总共设计了 52 个记忆桩，并将它们组织成一整段路径，通过反复在大脑中练习“经过”这段路径，他最终在 10 分钟内记住了整副扑克牌。

但是，多米尼克自己也表示，运用这种方法虽然记住了这些牌，但很快问题就出现了，在运用相同的方法对第二副扑克牌进行记忆时，前一副扑克牌的路径顺序经常会跳出来打乱他的思绪，使他感到混乱。经过一番思考后，多米尼克决定使用不同的路径。后来，他设计了 6 种路径，并开始循环使用，这才解决了之前的麻烦。

所谓路径记忆法，就是首先确定一个场景，然后将某一张扑克牌变成某个事物、人或动物，并把它们逐个安置在某个位置上，只要在这些位置之间存在稳定的联系，那么，记住那些扑克牌就不是难事了。

需要注意的是，一定要根据自己的喜好和兴趣选择便于记忆的路径，而在这条路径上，随着你的脚步前移而出现的记忆桩必须多样化，并且区别明显，同时当事人也要与它们有显著的互动。如果你每次都从这条路径上“经过”并重复做相同顺序的事情，那你就可以熟练地对它加以运用了。

如果你需要记忆大量的信息，如好几副扑克牌、好几串看起来丝毫规律都没有的英文单词，那么最好先给自己设计好几条固定的路径并熟记于心，然后再将你需要记忆的东西进行物化或拟人化（即想象成某个特定的人或事物）。这一切都准备好之后，你需要做的就是将它们安置在适当的位置上。记住，每设计好一条路径，就要在大脑中多“经过”几次，重复练习，你便会发现你已经开始成功了。

不过，在多米尼克看来，路径记忆法可不是那么好应付的，因为你必须要掌握好顺序和空间感，不能在自己设计的路径中“迷失”，否则一切就都前功尽弃了。由此，他提出了一些建议。

第一，确保路径是你非常熟悉的。因为路径记忆法的前提是个人的经历，有时候还掺杂一些情感记忆，每个人的生活和环境都不一样，所以不可能完全复制，最重要的还是要根据自己的实际情况创建属于自己的路径。路径要熟悉，也应该是你的兴趣所在，这样你才能将精力全部放在你所要记忆的事物上，而不至于分散注意力，记忆的速度也会得到很大的提高。比如，你每天上班经过的小路，从你出门坐电梯直到到达地铁口，一路上你所见到的垃圾站、转角处的停车场、大铁门、小卖部、广告牌、早点摊等，这些都可以用来作为你的记忆桩，你对它们再熟悉不过了，甚至已经存在于你的潜意识中。

第二，让路径和记忆桩变得对你更有用。当你觉得那条每天上班要经过的小路可以成为你的记忆路径后，不妨再确定一下沿途的哪些标志可以成为你的记忆桩，如你觉得那个垃圾站还不错，那就可以想象一下，当你闻到那熏人的气味时，你会是一种什么样的心理感受，或者有只老鼠从你眼前飞速穿过时，你的第一个念头是什么。在开始使用这个记忆桩时就重复这种感受，想象你已经站在垃圾站的旁边了，你可以把扑克牌中的某张牌放在垃圾站这个记忆桩上，然后把它想象成那只老鼠。

第三，要保证路径的个性化。假如你觉得地铁可以成为你的一条路径，那么经过四五站之后，你很可能就会发现这条路径走不通了，因为地铁里的每一站几乎都没有多大区别，有的甚至还一模一样，这会使记忆出现混乱。德国心理学家冯·雷斯托夫做过一个实验，主要是研究人类最容易记住的东西究竟是什么，结果发现那些个性化的事物最易被牢记。个性化主要表现在事物的形状、颜色或与周围事物出现的强烈反差上。也就是说，你所选择的路径要足够典型和富有变化，不能是随处都可见到的，尤其是在同一个路径上的记忆桩要有独特性，不能雷同；如果是在不同路径上，就更加应该避免相似性的出现了，因为那会使你的记忆出现混淆。

第四，选用特定的路径来记忆特定的事物。有的路径具有一定的场景性，如空旷的和幽静的，宏大的和小巧的，在选择路径的时候也要结合所要记忆的东西。如果你要记忆的是一篇很长的课文或演讲稿，那就尽量使用空间较大的路径加以记忆，如果是一些数字或字母，那就可以选用相对具体的物象进行记忆。

第五，采用相同的路径视角也很重要。如果不想在每次"经过"你的记忆桩时看到的东西都不一样，那就固定好你的视角，注意这个视角要很好找，还要是你很熟悉的。

那么，如果具体到扑克牌，多米尼克·奥布莱恩究竟是怎样记住那么多副扑克牌的呢？他告诉我们，他会首先将一副扑克牌拿出来分类放置，抽出其中的花牌，如J、Q、K，再把它们按照花色排列起来。紧接着，按照路径记忆法的规律将这些牌与某些人物联系起来，有的联系很自然，而有的就需要自己去建立。比如，看到方块时，也许很多人都会想起钻石，看到红桃Q时，人们也会自然而然地联想到自己的女友或妻子，方块Q或许更适合用英国女王伊丽莎白来表示。

至于一些不存在自然联系的牌，多米尼克会根据自己的偏好给它们分配好一个人物以及每个人物所从事的职业。多米尼克认为，这些人物不一定是非常熟悉的，但一定要典型，能够让你在看到这张牌的第一时间就能联想到他；同时还要注意：将这个人物的特点及其行为特征与其身份联系起来，这也会使记忆更加鲜活和牢固。

然后开始检验。他把所有的花牌都牌面朝下放置，并且逐次打开这些牌，检验自己在第一时间想到的人物是谁，并同时为他们配上一些行动，紧接着可以翻看下一张牌，用同样的方法进行验证，这个验证的过程其实已经是训练了。这一轮结束后，可以将这12张花牌打乱顺序，再进行一次检验。

随后，在路径库里抽取一个可用的路径，或者重新创建一个包含12个记忆桩的路径，再把花牌朝下放置，依次翻开牌面，第一张牌如果是红桃Q，多米尼克就会想象着他的女友正端着一杯香浓的咖啡，坐在他们家的沙发上，姿态优雅；下一张如果是方块Q，英国女王伊丽莎白二世就会立即跳进多米尼克的脑子里，此时他会想象女王正居高临下地向众臣子施恩，于是伊丽莎白二世就被放在第二个记忆桩上……以此类推。

在这个训练中，要让大脑处于一种十分活跃的状态，尽量让自己去想象，把每一张牌都视为一个有生命的人物。在记忆的过程中，记住每一张牌几乎都发生在一瞬间，因为在短暂的时间内，多米尼克要做的事是看着牌面，将其转化成某个人，想象这个人正在做什么，然后还要将他们安放在恰当的记忆桩上记住它们。如果加上个人的情感，使扑克牌与人物之间存在一定的逻辑联系，那么记忆也就变得更加简易了。当这 12 张牌都被安置好以后，多米尼克会再回过头来复习一遍，或者将记忆中关于 12 张牌的顺序写下来对照，前两次或许会出现一些错误，但并不要紧，因为它们会提醒你哪里出现了问题，假如发现某些联系比较难以记忆，那就要考虑更换，多米尼克正是这么做的。

如果这 12 张牌都练习好了，就可以考虑把其他的牌拿出来放在一起练习了。方法正如在做花牌练习时那样，给每张牌都安排好一个容易联想的人物，包括这些人的特点、爱好、行为特征。多米尼克的做法是，先从除去花牌外的 40 张牌中挑选出他一看就可以联想到的人，如他用詹姆斯 · 邦德（007）代替方块 7。做好这项工作之后，剩下的就是要记住这些扑克牌以及它们所代表的人物了。在开始的几天内，可以每天记忆一点，但一定要在每天开始记忆之前复习一下前一天所记忆的人物，直到记完所有的人物为止。

当然，在这个过程中，要学会给自己信心，最好是运用你的技巧先记住一半的扑克牌。首先选择一条自己最为熟悉的路径，其中包含 26 个记忆桩；然后抽出 26 张扑克牌，把顺序打乱，按照之前的方法依次把它们分别放置在恰当的记忆桩上，只要你能够熟练地记住记忆桩，那么记住这 26 张牌也并非难事。第一遍翻牌结束后，要在心中默默回忆一下你的路径，再仔细回想你刚才所“经过”的所有牌面，并将它们依次写在纸上，最后再对照一下正确的顺序，看看你究竟记住了多少张扑克牌。假如完全记住了，那就可以开始尝试记忆整副扑克牌了。

第九章

你的能量超乎想象
——正确开发记忆潜能

待开发的金矿——人脑记忆潜能

虽然我们被学校分成了文科生和理科生，但事实上，我们每个人既拥有科学潜力，又具有艺术潜力。我们在第一章已经了解到，人脑的左右半球有着各自不同的分工。左半球负责计算、语言、逻辑、分析等类似的信息，右半球专注于想象、色彩、节奏这一类内容。很多人之所以片面地偏向某一学科单向发展，并不是他们真的对其他学科无能，只是他们没有有效地锻炼另一半大脑而已。

我们都知道，人类目前都是习惯用半侧大脑来思考问题，试想一下，如果有一天我们可以协调使用左右大脑，同时投入工作和学习中，那我们将创造多少奇迹？

正常人的脑细胞约为 140 亿 ~ 150 亿个，但是只有不足 10% 的脑细胞被开发利用，其余大部分处在休眠状态。更有研究统计认为，有 98.5% 的脑细胞是处于休眠中的，甚至有专家认为只有 1% 的脑细胞在工作。我们可开发、待开发的潜能资源无比充足，我们有太多的能量还没有被激发出来。

如果说，我们仅仅能通过词语来记住事物的话，那只相当于我们使用了一半脑力，反之，如果我们在用文字词语记住事物的同时，还可以形成图像和想象记忆，那我们就等于在记忆中建立起了一个牢固的系统。当我们需要使用到这些记忆时，我们可以从文字或图像等多种渠道来提取。

很多人总是认为自己记忆力差是因为脑袋不好使，这是错误的想法，唯一的原因是我们没有找到合适的方法。

专家在进行大量研究实验之后认为，人的一生所记忆的全部信息内容，其总量占脑容量的1/10都不到，哪怕是像爱因斯坦、霍金这些“天才”也一样。美国心理学家威廉·詹姆斯说过，普通人一生只用了能力的10%，还有90%的潜力保留未动。大脑学专家阿诺克教授也说过类似的话，他认为没有一个活着的人或曾经活着的人能够完全充分地使用自己的大脑。

所以，我们普通人在感觉自己很难记住事物、记性很差时，并不是因为我们的脑容量有什么问题，最常见的原因是，我们记忆的方法不太对，或许你没有找到适合自己记忆规律的方式。汽车驾驶得好并不意味着能开火车，这句话应用在我们的记忆力上也同样成立。虽然我们看似每天都在辛苦地背诵、记忆，但我们并没有使用正确的记忆方式，没有找到适合自己、可以充分发挥自己潜力的方法。这种现象通常表现在不知道自己的最佳记忆时间应该是哪个时段、不知道自己要记忆的内容重点是哪些、无法用最短的时间去记忆最重要的信息。这种情况下，最常见的结果就是对自己的记忆力产生怀疑。

人与人之间的记忆力没有先天的差别，普通的你我他与那些世界记忆大师的差距也仅仅是记忆方法的不同。所谓记忆力好的人，他们在记忆时更多地使用联想方法，而我们很多记性差的朋友却一直在机械地死记硬背。任何一个人，当他可以使用正确有效的方法记忆时，他也可以取得那些以往看似神奇的成绩。

现在市面上有很多关于记忆力训练的书籍和培训班，我们可以从中选取一些适合自己的技能技巧加以训练，如果我们可以掌握好、运用好这些方法，将记忆术和生活工作融会贯通、自然串联，那么我们的记忆力必然会有惊人的增长，埋藏的潜能也会一点一滴地被激发出来。

任何记忆方法的掌握都要经过我们长期的训练和使用，只有这样才能真正提高记忆力。记忆的训练除了让我们掌握各种技巧之外，还可以锻炼我们的大脑肌肉掌握正确的记忆动作。然而，在训练的初期效果往往不会特别明显，很多人在这一环节败下阵来，继续选择以往的机械式记忆方式。

这里需要告诉大家，传统的“死记硬背”和“记忆”其实是两回事，它们有着本质的区别。比如，我们在学生时代都信奉的一句话“临阵磨枪，不快也光”，考试的前一天夜里通宵看书，死记硬背。这种方式其实仅仅使用了左脑而已，真正的记忆是要开动我们的右脑参与作战的。在大脑容纳信息量和记忆信息的能力方面，右脑是左脑的 100 万倍。

具有理性特质的左脑被我们称为“语言脑”，相对感性的右脑则称为“图像脑”。从字面上我们可以得知，左脑记忆的是文字性信息，而右脑承载图像内容。我们接收的文字信息经由右脑处理后会变成一幅幅图像，未来需要提取记忆时，信息也是以图像的形态出现在脑中。合理开发右脑以后，不管多少信息都可以变成影像的状态被储存起来。

国外科学家曾在研究中发现，当我们对左右大脑分别进行训练后，原本较弱的一边大脑在经过训练后与较强的一边进行合作时，大脑的总能力和总效应要比两边大脑交替使用时高得多。这种增长不是 1+1=2，而是 1+1=5，甚至更多。所以，我们平时在记忆时，应当尽量把文字性的信息描绘成图像化的内容进行记忆，时刻协调调动左右脑，让它们共同工作，最大限度地使用右脑的图像化功能。

时间久了你就会慢慢发现，你的记忆能力要比从前左脑单独工作时高出一大截。

【记忆趣闻】

人的生命只有一次，人生无法从头来过。这是所有人的共识，但是对于美国人苏·梅克而言，事情似乎不是这样的。

梅克今年 48 岁，家住马萨诸塞州。她在 26 年前发生了一次意外，她被家中房顶掉落的电风扇砸晕，醒后记忆全失，智力也下降到只相当于 4 岁的儿童。她必须重新学习如何阅读、拼写单词，甚至是系鞋带、吃饭。她的老公和儿子突然变成了陌生人，让她无所适从。事故发生 5 年后，梅克再次怀孕，但这让她差点崩溃，虽然生理年龄已经 27 岁，但梅克仍然觉得自己是个小孩子。她根本不认为她将要抚养一个孩子长大，情况更像是两个人一起成长。

她忘记了做饭、买菜、洗衣服，忘记了一切作为妻子和母亲该做的事，这一度让她和丈夫吉姆的婚姻走到了濒临崩溃的边缘。后来，在儿子的鼓励下，她和吉姆向婚姻咨询师寻求帮助，两人决定一同渡过难关。也就是从那时开始，梅克才从心理上接受了自己为人妻、为人母的事实。

梅克也曾经多次到医院去就诊，希望可以找到治疗的方法。但是扫描的结果却显示：她的大脑没有任何问题，以至于主治医生一度认为她只是为了引起公众的注意而乱编故事。后来，其他医生诊断后认为，梅克的记忆问题或许是由于外伤性脑损伤引起的。

潜能开发要素——信心、观察和想象

我们可能会因为目睹过一场车祸，导致对刹车的声音极度敏感，也可能因为儿时犯错被父亲狠揍，从而后来再也没有犯过同样的错误。印象越是深刻，记忆就越牢固。深刻的事件和惨痛的教训往往留下难以抹去的痕迹，这会让我们对类似的事件保持相当清晰的记忆。但生活中很多事情给我们留下的印象也许并不是那么深刻，可是又需要我们牢牢记住，在这种情况下，我们如果想要从主观上获得比较强烈的印象，就必须依赖于细致的观察。

观察能力是我们大脑诸多智力功能中最基础的能力，同时它也是记忆和思维的基础，对于我们能否清晰地保持某些记忆起着决定性的作用。我们总是会听到一些教导，比如说：在生活中做个有心人。这句话就是在告诉我们，生活当中或许会有很多稀松平常的事情，表面上看似乎与我们并没有直接的利害关系。但我们应该将观察力赋予生活中的点滴，只有这样，才能在脑中形成一定的印象，从而可以自如地运用观察能力。

我们在观察某些事物时，由于每个人的思考方式不同，所关注的重点和态度不同，最终的记忆结果也是不一样的。所以，记忆的第一阶段一定要有感性的认识，只有强烈的印象才能加深我们的感性认知。一个场景和一件事物，它的表象在所有人的眼中是一致的，但是在不同人的眼中，它留下的感觉是不一样的。这种不同的感觉包含着我们对所看到的事物的理解和想象，而不单单是线条组成的形状。就好比一辆汽车，有人看到的是炫酷流畅的外形，有人关注的是无与伦比的性能，有人只在意它不菲的价格。

我们要想提高自己的记忆能力，除了选择一系列的记忆方法，还要培养起观察的兴趣和能力。这种观察力是细微的、敏锐的。毕竟记忆不是无中生有，就像取款机一样，首先机器里必须要有钱，然后我们才可以通过账号密码去取。记忆也要先进行信息的录入，之后我们才可以将不同的信息进行分类整理，在需要的时候将它提取出来，用在某些场合。而你能收录多少内容、能记住多少事物，这取决于你的观察能力的强弱。

日常生活中有很多锻炼自己观察能力的机会，如我们在看完一部影片之后，把其中的精彩情节试着复述出来，用自己的语言将之重新叙述，回忆某个角色的一些细微特征。比如，他出场时的背景，或者是一些面部表情的变化。这种小测试可以验证我们是否可以把关注到的点准确记下来，从而锻炼我们的观察能力。这种能力的锻炼不用是刻意的，因为生活中几乎每时每刻都会使用到我们的观察力，只要平时处处留心就好。一个懂得观察、善于观察的人，总会获得一些意想不到的收获。

如果说观察力是帮助我们寻找信息的能力，那么，想象力就是帮助我们收录信息的重要手段。

我们生活的世界，所有的事物都有着千丝万缕的关系，可能这些关系并不是天然的，但这并不影响我们用它来加深印象。一个人的想象力与记忆力有着极大的关系，某种程度上讲，回忆其实就是想象。活跃的想象力会成为我们强大记忆力的基石，那些记忆大师们，没有一个是想象力匮乏的。

想象通常都和具体的形象联系在一起，很多无意义的符号都可以通过想象变得生动起来。很多时候，我们记不住一些内容，并不是因为信息本身难以记忆，而是我们对信息没有什么兴趣，信息对我们没有意义。但是更多的时候，无意义的东西我们也得记，如政治书上枯燥的条文，你不记住它们，试卷上就会少一分，很可能就会与你心仪的大学失之交臂。可是，机械式的死记硬背效果有限，这种时候我们就要开动想象力来帮助记忆。

想象力应该是天马行空的、不受拘束的，想象不用在乎是否合乎情理，哪怕是生搬硬套、牵强附会也没关系，甚至越荒诞越好。你所想象的内容形象越清晰越好，我们的目的就是把一些枯燥无味的信息变成让我们感兴趣的内容，只有这样我们才能清楚地记得它们。这种想象力不能太过单一，你要有把不同的事物和会动的图像结合的能力。想象力不但可以把我们记忆的信息串联在一起，还可以举一反三，产生很多连锁效应。

想象力不是凭空而来的，它也需要我们以广博的知识作为基础。所以，用想象力来记忆知识，用知识来催生想象，本身也是循环往复的运动，在不断的使用中，可以充分调动我们的信息库，产生新的思维活动。只要经常使用想象力，我们的记忆力就会得到很大的改善，很多无形的、死板的信息会重新变得生动，知识自然也会被记忆得更加牢固。

当我们的观察力和想象力都可以被游刃有余地使用的时候，自然会诞生最为重要的记忆利器——自信。

自信，在任何时候都是极其重要的。我们第一次穿上西装去面试时，要有自信，自信会给你带来勇气和好运。战场上讲究士气，士气来源于信心。一支士气高昂的军队，不管在何种境地都是战无不胜的。战士的信心来自优秀的统帅和精良的武器装备，观察力就是我们的统帅，想象力则是我们锋利的武器。

自信是意识的活动，它的作用取决于我们的心理状况。我们可以通过行为改变结果，从而获得一定的能力。如果缺乏信心，那就丧失了获得能力的机会。在记忆的过程中，大多数人在前期会保持着一定的信心，但很多人往往在遇到一些挫折和困难之后就泄气了，丧失信心的同时也丢掉了热情，然后逐渐习惯了失败。

所以，保持信心是成功记忆的一大关键。如何保持信心也是我们所面临的一大难题，太多人习惯于放弃，所以坚持就变得更加困难。在这种情况下，良好的观察力和想象力会从潜意识里传递给我们一些信息，这种信息往往就是我们坚定信心的源头。就好比我们兜里揣着一大把钱的时候，采购的底气往往很足。信心不是凭空而来的，它也要有可以依仗的后盾，而细致的观察力和活跃的想象力就是催生信心的最佳工具。

这三种不同的“工具”会相互给予力量，在记忆的过程中，它们相互辅助依存，记住的内容越多，信心自然就会受到更多的鼓舞和激励。如此重复下去，效果也自然会越来越好，信心也就不再需要我们去强行打造，它会潜移默化地深入内心。

寻找正确路径——思维的重要意义

思维是我们人类特有的心理活动，思维活动是进行分析、综合、判断、推理等认识活动的过程。在记忆中，思维所扮演的角色相当于“信息管理员”，它负责将我们接收的信息快速分类，存放在相应的位置。当我们回忆时，再通过思维搜索到所需的内容，提取出来。

我们说过，所有的记忆必须要在理解的前提下进行。而理解恰恰就属于思维的活动，理解既是思维活动的过程和方法，又是思维活动的结果。举个例子，如果将思维活动拟人化为一个修理工，那么，理解就是“它”在修理过程中所用的工具和最终修理的成果。

思维的方法有很多种，说得直白一点，就相当于修理说明书。有很多思维方法本身也是记忆的方法，如比较和分类、综合和分解、归纳与演绎，这些思维方法就是我们经常使用的记忆方法。多种多样的思维方法的使用可以让我们记住大量的信息，并且有序地记忆各种知识。

思维的活动也就是思考，思考本身是一项复杂的活动，我们无法一次就完成思考。对于记忆来讲，反复思考代表着重复记忆，对信息的每一次思考都是一次分析和拆解，同样也是对记忆的强化和加深。多次重复的思考后，事物本身被我们分解再归纳，最终形成理解，而理解恰恰就是记忆的重点。

当然了，思考本身是艰难的。尤其是面对我们本身并不懂的一些信息，想要将它分析、理解，这需要一定的时间和方法。在这期间，我们要保证思考的谨慎和细心，因为任何的错误都会影响我们最终记忆的准确性。如果在思考的过程中产生了困难，我们可以暂停下来，重新梳理，而不要一条道走到黑。这样对记忆没有好处，不明确的答案在记忆中总是模糊的。

要想强化我们自身的记忆力，提高记忆的效率，就必须同步发展思维能力。思维僵化无法帮助我们参透目标信息，只有经过我们认真思考最终理解的信息才能被我们有效而迅速地记住。把陌生的信息变成我们自己熟悉的内容，除了方便记忆，在未来的使用中也是很方便的。比如，你记住一个数学公式的前提是你必须知道这个公式该如何使用，如果仅仅是记住公式的形式，那是没用的，也是无效的。搞明白这个公式的使用方法就是思维活动的过程。所以，加强我们的思维能力也是在同步地强化记忆能力，并且有助于提高记忆效率。

当我们排除外界干扰，集中精力去思考一件事时，我们所有的能量都会集中在这个点上，身边也会产生一个气场，我们的一些智力活动会自主地向我们所思考的内容靠拢，把所有对思考有利的条件都利用起来。这种多方面的协调工作所得出的结果，往往具备非常深刻的特质，从而更加容易被我们记忆。

但是，有一点是我们需要注意的，那就是不要放任思维的僵化。我们说到了思维活动的方式，它往往依照一定的规律和固有的方式运作，如果我们长期公式化地进行思维活动，时间久了难免会有一些呆板，也就是常见的无意义思考。因为我们习惯了通过一套固定的路径进行思考，但是花样百出的信息需要我们采用不同的思维活动方式来解决。也就是说，思维活动必须和想象力一样，具有一定的创造性。

那些世界记忆大师们之所以可以成为大师，是因为他们往往会发现一些别人不曾考虑过的新角度。这种发现取决于他们的观察力和想象力，同样还有思维活动。通过对一些既定事物的再次探索，从而找到一些不曾被发现的新鲜内容，再通过想象力和思维的双重加工，得出一套属于自己的方法或结果。

我们常说要站在不同的角度看世界，考虑问题，可是很少有人能做到。大家总是习惯于从一个相对大众化的角度去思考问题，所以得出的结论往往都是相同的，记忆的效果也都差不多。而那些从多角度思考观察的人则能得出一些不同的结论，记忆的效果也会更好。

敢于创新、善于创新的人往往会将既定的事物向外延伸，就相当于我们把左脑的文字记忆转化成右脑的图像记忆，然后再把这幅图像联想成一幅更加生动的影像记忆。这需要我们具有把不同形象进行分类比较的能力，联想的目的就是把不相关的东西联系在一起，这样可以形成一条连接的锁链，一环扣一环，想起其中一节就可以顺藤摸瓜地回忆起整串的内容。这就是记忆大师们惊人脑容量的真相。他们善于把凌乱的信息串联在一条清晰的线上。比如，德国著名化学家弗里德里·凯库勒，他梦见一条蛇咬着自己的尾巴，从而联想到苯分子的环状结构。

创造性思维的运用会提供给我们更多的选择，对于记忆训练来讲，我们面对的是固定的信息，但我们可以用不同的方式将固定的信息变得灵活，生动的内容往往更利于我们去记忆。沿着别人的足迹前行固然能省去不少力气，但我们要有勇气去思考：是否有更加方便的路径呢？踩在巨人的肩膀上往往可以站得更高，进而依据前人留下的记忆方法进行二次加工。记忆大师们给我们的方法是一扇大门，我们在进入大门之后，要学会找到自己的位置。

克服前行坎坷——记忆规律和遗忘障碍

记忆力的训练需要我们投入大量的时间和精力，并不是可以一蹴而就的。在学习记忆力训练方法的过程中，我们会碰到很多的障碍，这些障碍有时并不单单来自记忆方法本身，它也来自我们的身体、时间、习惯。成为记忆达人是有迹可循的，只要努力坚持就可以做到，但并不代表我们努力就一定会产生特别好的效果。所以，在克服一些客观因素难题时，也要学会掌握记忆的规律，帮助我们更好地利用方法和时间。

说到规律，那就不得不提到时间。一般来说，我们在连续学习一段时间后，一定要留出休息的时间。四处走走，活动活动僵硬的四肢，放松眼睛，补充一些能量。不过，对于休息时间的安排不需要那么严谨。因为我们在学习的时候往往会因内容的不同而投入不同程度的专注，如果正巧你觉得现在的记忆状态非常好，学习能力保持在最佳状态，那就不用遵守既定的时间起身放松。如果在非常专注的时候被打断或者自行中断，接下来是很难再次进入高度集中的状态的，反而会使我们的记忆效率大打折扣。

而一年之中，最适合我们记忆的时间基本集中在春秋两季。最直观的感受在于，夏天太热冬天太冷，外部的刺激往往很容易影响到我们。从心理学的角度来说，夏冬两季的环境要比春秋两季容易干扰我们。虽然记忆的效果更多来自自身的坚持和努力，但这些外部因素也是不能忽略的。

很多人总是习惯把很多事安排得井井有条，早上几点起床跑步，几点吃早饭，中午几点午休，下午几点吃饭，晚上几点睡觉。良好的作息规律固然很好，但记忆时间没有必要跟其他日程一样进行安排，记忆时间应该灵活安排，每一天的最佳记忆时间是因人而异的。如果我们为了附和某种规律、习惯而刻意调整休息和记忆时间，往往会起到反效果。

有人习惯于清晨 6 点到 9 点这一段时间记忆，清爽又安静，心态比较好，而且经过充足的睡眠后，精神状态比较饱满。也有人习惯晚上 9 点到 10 点之间记忆，他们认为这时候结束了一天的忙碌，洗完澡坐在床上身心放松，适合记忆。更有甚者钟情在午夜进行记忆，他们白天精神涣散，但是一到夜半三更时分就精神抖擞，脑细胞高度活跃。所以，每个人要正确掌握自己的最佳记忆时间，一定不要试图去强行调整。

也有朋友不知道自己什么时候更适合记忆，他们觉得每个时间段似乎都没什么区别。其实不然，最高效率的时间段可以让我们达到最佳记忆状态，有一个小方法可以测定我们各自的最佳记忆时间。

我们可以按照学习的内容将时间进行分段，如在早晨、中午、下午、晚上这四个时间段分别安排出几个时区学习不同的科目。学习时记录下不同时段的记忆情况，如早晨学习多久、记忆单词数量，晚上的学习时间和背诵诗词数量，间隔 24 小时之后在对应的时段复查自己的记忆效果，然后将前后两次的记忆成绩进行比较。两天各时段比较中表现优秀的时段就是你自己的最佳记忆时间。

找到时间上的规律以后，你就可以按照它来进行记忆了。在记忆状态最好的时刻集中精力去主攻重点科目内容，记忆效果一般的时间做一些练习。把时间合理有效地利用起来，最后的效果自然会更好。

我们在前边学习记忆英语单词时，曾经讲过艾宾浩斯的遗忘曲线，对于我们来说，记忆的最大敌人无疑是遗忘。我们识记过的信息如果不能回忆起来，那就代表这段信息被遗忘了，我们所做的努力就白费了。艾宾浩斯的遗忘曲线让我们知道了记忆消退的自然规律，除此之外，我们还需要了解一些其他方面。比如，不同的内容也会导致不同程度的遗忘。

从某种程度上讲，遗忘和吃饭一样。饭桌上我们都是先挑好吃的吃，那些不受欢迎的菜品基本无人问津。记忆也是同样的道理，对于急需使用的信息，我们往往会产生比较强烈的认知欲望和记忆需求，信息内容一经认知，就会迅速转化为深刻的记忆，从而刺激记忆的形成。而一些不太必要或者不是很急于使用的内容，则会因为解决了当务之急而兴趣降低，记不住也很正常，因为那时候我们的注意力已经无法做到高度集中了。

从理解的角度看的话，自然是那些没理解的内容更容易遗忘。因为理解的内容在记忆中是比较全面的印象，我们在进行理解时，已经通过思维活动将其分解，逐步分析，把原本的信息替换成我们所熟悉的内容，所以在记忆里也是印象深刻的。而那些没有理解的信息只是我们机械记忆的产物，大脑没有对这些信息进行分析，所以无法产生全面的认知，就好比摸着石头过河一样，隐约能知道个大概，但是无法清晰地复述出来，所以遗忘的速度要更快一些。

同理，还有一种情况是以兴趣为标准的记忆类别。我们应该都有一种体会，小学看过的某些课外书可能直到现在还记忆犹新，而那些让我们挑灯夜战一天又一天的公式、定理却早就被抛到了九霄云外。我们去看一场足球比赛，赛后对自己喜欢的球员的表现说得头头是道，但是对方队伍有哪些精彩表现，却一问三不知。这是因为，能引起我们兴趣的事物都会让注意力自主地高度集中起来，并且在脑中产生深刻的印象；而对于我们不感兴趣的内容，大脑似乎调动不了注意力去关注它。

当然，除了时间和记忆内容会产生不同的记忆效果之外，还有一些外部因素也是导致我们遗忘的罪魁祸首。这里就不得不提及我们的生活方式和身体健康状态对记忆的影响了。

首先是大部分男性朋友要关注的一点，那就是吸烟。根据调查显示，目前吸烟人口已经占据了全球人口比例的 1/7。而研究表明，吸烟对于记忆力的损害是强大的，吸烟会加速记忆力的丧失，尤其是青少年吸烟和中年烟民，记忆力受损更加严重。烟瘾大的人在长时记忆和短时记忆上都要弱于不吸烟的人，吸烟会给人体带来相当多的毒素，除了尼古丁外，还有很多物质会导致身体发生病变。这些不良反应会间接影响到我们的记忆系统，削弱我们的记忆能力。

和吸烟有相同效果的还有饮酒，虽然科学证明了适量饮酒可以帮助人们消除疲劳，但是对于记忆而言，饮酒带来的打击是沉重的。酒精对细胞有麻痹的作用，过量饮酒和酒精中毒会导致短暂的记忆丧失。酒精可以让神经的传导变得麻木，从而降低我们的思考能力和速度，当酒精在我们的体内分解时，思维活动所需的维生素 B 会被大量消耗，导致思维变得迟缓，记忆力跟着减退。

说完男性的一些问题，自然也要给女同胞提个醒。绝大多数女性朋友都对甜食情有独钟，其实甜食也是毁灭记忆力的杀手。人体摄取糖分之后会导致胰腺分泌大量胰岛素，而胰岛素的分泌会让我们的思维速度变得缓慢。

另外，快节奏的生活方式和巨大的生活压力也会对我们的记忆造成极大的影响，严重时还会导致身心失衡。压力会让我们的心跳加速，血压升高，肌肉无力，这种精神状态下，越是想要记住什么内容，就越记不住。只有当我们真正地放下压力，舒缓身心，这种状况才会有所改观。不过，心理学家也对压力划分了等级，适度的压力不但对记忆没有影响，反而还能促进记忆力。这就是俗称的“有压力才有动力”，不过对于压力的调节和控制还有待于我们自己去把握。要学会避开压力或者调整心态、转移压力。控制情绪是我们调节压力的必要手段，不要让自己总是沉浸在负能量当中，它将导致我们的注意力下降，引发记忆力严重减退。

生活的压力和情绪的不稳定往往会让我们的作息时间变得混

乱，而睡眠恰恰就是影响到记忆力的重要因素。良好的睡眠可以解除大脑的疲劳，为我们清醒时的思维活动和记忆力打好基础。熬夜的人往往记忆力很差，就算熬夜是为了记忆信息，效果也会非常不理想。熬夜学习只会适得其反，因为睡眠不充足对记忆力损害非常严重，睡眠质量差会导致白天的疲劳、头晕、情绪不佳、注意力无法集中。大量数据和研究结果都证明了睡眠对身体健康的重要性，保持正常、充足的睡眠才能促进记忆力的提高。

所以，对于我们每个人而言，想要拥有出色的记忆力，单靠一些记忆方法是不够的。我们要学会寻找记忆的规律，挑选适合自己的记忆方法，合理高效地安排自己的作息时间和生活习惯。一个健康的身体和良好的精神面貌是拥有出色记忆力的前提，如果我们不能远离一些坏习惯，无法控制自己的情绪，那么学习再多的记忆术也没用。所以，不管在任何时候，都要保持乐观的心态和健康的身体，身体是革命的本钱，也是高超记忆力的载体。

给记忆上点色——色彩对记忆的影响

在视觉记忆中，有一种记忆叫“颜色记忆”。当我们观察某个物体时，我们所感知到的视觉体验，是因为光线照射物体时反射光产生的形状和色彩作用于人的眼睛的结果。

我们都知道，不同的颜色能够对人的情绪产生不同的影响，比如说红色容易使我们的热情爆发，黄色会使我们的情绪趋向稳定，绿色会让我们感到自然舒适，蓝色容易让我们保持冷静等。那么，色彩对于我们的记忆力是否也存在同样的影响呢？

为了验证色彩对记忆的作用，心理学家进行了一项测试：研究人员把颜色分为冷、暖和中色调三类，然后从每一类中分别选出两种作为测试颜色：即象征冷色调的蓝色和绿色，象征暖色调的红色和黄色，象征中色调的褐色和紫色。

选定颜色后，研究人员在一张白纸上画出 12 个半径为 2.5 厘米的圆，纸上的圆以四横排或四竖排的形式排列，画好之后将纸上的 12 个圆随机涂上六种测试颜色，即保持每两个圆是同种颜色。

接下来分别让参加测试的 25 名视力正常的人对着画有 12 个彩色圆的白纸看上 2 ~ 3 秒钟，然后将白纸遮起来，问被试纸上一共有几种颜色，并记录结果。然后，让被试再次观察白纸，观察时间约为 15 秒，再要被试写出白纸上的颜色以及每种颜色所处的位置。

根据统计结果和数据分析，研究人员发现，红、黄二色的正确率高达100%，蓝色和绿色的正确率分别为80%和84%，紫色和褐色的正确率分别为56%和44%。在颜色对记忆力影响的实验中，按其对记忆力影响大小排列的顺序为：红、黄、绿、蓝、紫、褐。由此可以看出，属于暖色调的红、黄两色对人的记忆力影响最大，属于冷色调的绿、蓝两色次之，属于中色调的紫、褐两色最小。

横向对比，我们发现同为暖色调的红、黄二色正确率相同，同为冷色调的蓝、绿两色，准确率仅仅相差4个百分点，同为中色调的紫、褐两色相差12个百分点。也就是说，同色调的准确率非常接近，即同色调的颜色对人记忆力的影响相差不大。

通过以上实验不难发现，记忆力与颜色存在着千丝万缕的联系。接下来，让我们一起来看看，在这个充满色彩的世界里，颜色是如何为我们的记忆力“增辉”的。

首先，色彩让我们的记忆更具标识性。过年的时候，张慧给5岁的小侄女带回来一个彩色的“中国行政区划拼板地图”玩具，在就奖惩条件达成一致后，小家伙玩得格外投入，没过几天就玩得滚瓜烂熟，然后她带着拼图一本正经地向张慧要求进行测试。张慧拿过她手上的拼图，把行政区拆分得七零八落，然后让她重新拼好。只见她先是对着“奇形怪状”的行政区端详了一会儿，接着又把它们分成几堆，完成这些步骤后才开始一边喃喃自语一边拼图，10分钟后就拼出了一幅原模原样的中国行政区划图。

看着小侄女志得意满的表情，张慧就先夸了她两句，然后问她是怎么做到的。她说很简单，因为每一块拼图好比一个人，叫的名字不一样，长的也不一样，穿的衣服的颜色也有不同，玩得多了也就记住了。原来，她是依据每块拼图的颜色和形状去记忆的。也就是说，在这里颜色成了记忆的线索，充当了记忆的好帮手。

其次，色彩越鲜明，印象就越深刻，我们记得也就越牢固。而色彩是否鲜明取决于颜色的浓度和明度，即色彩浓度越高就越纯正，明度越高就越显眼。这就是为什么我们更容易记住那些纯色，而不容易记住草灰色、大地色、橘红色等杂色。上面那个“色彩对记忆力的影响”的实验，结果也证明了最引人注目的红色对人的记忆力的影响是最大的。

毋庸置疑，黄色也是增强记忆的能量色。黄色作为一种太阳色，在使我们的情绪得到放松的同时，也能够给我们带来舒心和快乐。比如，当我们迈步进入涂成黄色的房间时，会不由自主地心情大好。我们大脑的视觉区域在黄色的刺激下，会加快运转，对事物的印象也会随之加深，从而提高我们的记忆力。为了巩固和保持我们的记忆，阅读的时候不妨用黄色笔进行标注，尽可能地选择以黄色为背景色的便笺纸等。

最后，合适的色彩布局，能够使学习效率和记忆力得到有效提升。随着对色彩的深入研究，人类已经学会更好地让色彩为我所用。加拿大的一位教授做过这方面的研究：为了改变学生们的学习状况，他将教室里单调的白色墙壁粉刷成了暖黄色和天蓝色。他发现，进行了这样的色彩改变后，班里旷课的人数减少了，扰乱教学秩序的现象也减少了，学生们的学习状况出现了明显的好转。

后来，有人在此基础上做了进一步的完善：为了缓解学生的视觉疲劳，教室靠窗户的那面墙被涂成了绿色；为了让黑板变得更加醒目，安装黑板的那道墙被涂成了白色；为了让室内的光线更柔和，天花板被涂成了黄色；为了增强学生的存在感和安全感，地板被涂成了棕褐色……这些有针对性的色彩安排，在为学生营造良好的学习环境的同时，也增强了学生的记忆力。

除此之外，我们还可以在办公桌上摆放一盆绿色植物，既可以缓解视觉疲劳，又可以产生赏心悦目的效果，而且还有助于记忆力的提升。当然，颜色对我们的影响不仅限于此，随着色彩心理学研究的深入，它将在我们的生活中和记忆过程中发挥更大的作用。

第十章

他们的成功可以复制
——名家指导分享大会

记忆训练教父——托尼·布赞的利器

半个多世纪前，年少的托尼·布赞在英国南部的一个小城镇读书。幼年的托尼并没有在记忆力上表现出什么惊人的天赋，他在班级里平平无奇，是众多聪明孩子中很不起眼的一个。托尼那时有个非常要好的小伙伴，名字叫作巴瑞，他可以惟妙惟肖地模仿各种动物的叫声；看到鸟类飞翔的姿势，就能叫出这种鸟的名字。在托尼的眼里，巴瑞简直是无所不知。不过巴瑞的天赋并没有得到家长和老师的认可。托尼在 A 班，巴瑞在 D 班，就像我们的重点班和普通班的差别一样。

有一次，老师在班级里做了一次小测验，测验内容是要求孩子们回答两个问题。这两个问题分别是：蝴蝶和飞蛾有什么不同？说出英国河流中生活的鱼类名称，至少 3 种。

托尼每天都和巴瑞在一起玩耍，对这类问题熟门熟路，于是那次测验他得了最高分，并得到了老师的表扬。也就是在这一天，幼小的托尼心中产生了一个疑问。在他看来，这种问题在巴瑞眼中简直就不算是问题，他甚至可以说出更多。但是，为什么家长和老师却认为他是个头脑不太灵光的孩子呢？明明巴瑞那么厉害，为什么得不到大家的承认？聪明人的标准究竟是什么呢？

在托尼未来的成长过程中，他从未忘记过这个问题，随着年龄的增长，生活阅历的增加，托尼逐渐发现了一个问题。他发现，人们经常陷入苦恼和烦躁的原因，往往是因为自己记不住、学不会。人们的大脑很多时候就像是漏了的玻璃瓶，装进去很多东西，却很难保留下来。很多天生的才能白白被埋没，也是因为我们自己不知道该如何去使用它。

他刻苦学习，专注于各种问题，常常会做厚厚的笔记。但是他苦恼地发现，虽然看似很用功地记了大量的内容，可是记得越多，脑子里却越是混乱。为了扭转这种记忆乱局，托尼尝试着对记笔记的方法进行了改变。他开始使用不同颜色的笔在本子上做标记，除了文字记录，他还使用了诸如下划线、圆圈、波浪形等符号。很快他发现，这一小小的变化确实产生了效果，大大地提高了他的学习效率，并且记录的内容在脑中的印象比以前要深刻得多，不再像以前一样，看过即忘了。

等托尼进入大学以后，他开始注意到了善于思辨的希腊人的一种记忆体系：引入想象和联想。这个发现仿佛给托尼打开了一扇门，托尼受到了极大的启发，他想起自己曾经改变了记笔记的方法，从而提高了学习的效率。对照着希腊人的记忆体系，他认为，我们大部分人在记笔记时，往往为了求快，都是使用最简单乏味的文字进行记录，这显然和联想、想象之间没有任何关系。我们的大脑具有无限的可能性。

那我们在记笔记时到底是哪里出了问题呢？为什么我们记录的越多，就越难以记住呢？带着这个问题，托尼开始阅览任何可能与之相关的书籍和资料，其中涉及了心理学、数学、语言、自然科学，等等。在自己琢磨探索的同时，托尼也没有忘记去先人那里取取经，如著名的画家、科学家达·芬奇。这个人几乎在所有人类感兴趣的科学领域中都曾有过杰出的建树，这一度让托尼对他十分崇拜。他迫切地想知道这些人是如何做到的，他们的大脑是否与我们普通人的不一样。后来，托尼发现，在达·芬奇所有的笔记中，几乎充满了各种图形、符号和线条。

这个发现让托尼非常振奋，因为他也曾经做过类似的事情。后来经过不断地深入了解和探究，托尼终于从大自然那里获得了启发。他认为，人类是大自然的一部分，所以人类的大脑运作，包括记忆、思维，也应该遵循着一定的自然规律。托尼想要的就是这样一种方式，或者说是工具。这个方法在他看来应该可以应用到人类生活的各个领域，当然，它不能违反我们人脑的自然运行规律。它应该是记录我们自然而然思考的形象，而不是固定的条条框框，它应该是可以自由联想的过程，让思维像自然存在一样，是一种呈放射性的形象。基于这一准则，思维导图问世了。

从那以后，托尼就一直在使用它、完善它，到各个地方去进行宣讲，希望可以把这个工具带给更多需要它的人。托尼说："思维导图帮助人们改变记忆，加深我们对于知识的理解，让我们在成功记住大量知识之后产生足够的信心，告诉自己没有什么是记不住的。除了用来记忆，它还可以帮我们做各种复杂的规划、厘清一团乱麻的线索思路、激发出更多的新鲜创意、可以让我们将所有细节都了然于胸。”思维导图我们已经学习过，相信真正使用过思维导图的朋友也一定受益匪浅。

思维导图的出现是革命性的，它又被称为心智图，简单地说，它其实就是把我们大脑中的想法用不同颜色的笔画在纸上，将我们传统的语言智能和数字智能、创造智能结合在一起，表达发散性思维的图形思维工具。它可以将形象思维和抽象思维很好地连接在一起，促使我们的左右脑共同工作，从而提高我们大脑的能力。

思维导图对于记忆力的帮助尤为突出，尤其是应用在我们寻找遗忘的记忆时，效果更加显著。如我们在前文说过的，记不起某人的姓名，忘记了钥匙放在哪里，等等。

对于这种突发性的遗忘，我们就可以采用思维导图的联想记忆功能，将心智图的中心位置空出来。假设这个空出的位置是被我们不小心忘记的某个名字，那我们就要在这个空白周围画出一些分支线条，包括与之有关的性别、年龄、职业、特点、认识的场所，等等。通过这些细致的罗列，我们可以最大限度地提取我们记忆库中的相关信息，从各条线索脉络中找到空白位置的内容，进而确定这个名字。

大家应该还记得，我们在学习思维导图时，曾经列举过它最大的益处，如它可以最大限度地激发回忆、激发大脑的各个层次，每使用一次思维导图都会使我们的记忆加深，并且通过画图，还能强化我们的创造性思维。

在生活中，我们可以把思维导图记忆方法应用到更加广泛的领域中，让它帮我们解决更多的问题。比如，可以利用其所具备的形象性、可联想性和易沟通性，使我们更加高效地展开学习计划，提高我们的学习效率，节约更多的时间；在工作当中，或者是需要做决策的时刻，我们可以通过思维导图随着不断变化的情况做出一些必要的调整，避开一些风险。

思维导图并不是艰难晦涩的东西，它只是一个帮助我们更加高效地使用大脑的工具。大脑是我们人类最为宝贵的资源，它不但要进行学习、工作、娱乐，还影响、控制着我们的情绪、精神、状态。真正会使用大脑的人，不但可以做到很多他想做的事情，也更明白自己的方向和目标。我们需要让思维导图渗透、融入工作生活中去，让它发挥更大的作用，最终改变我们的人生。

托尼·布赞和很多人都做到了，现在的托尼是顶着一串闪耀头衔的人，他是英国大脑基金会总裁，是世界著名的心理学家和教育家，同时又因为他创办的世界记忆锦标赛，被誉为英国的记忆力之父。纵然如此，托尼现在依旧在全世界范围推行着思维导图，把这一简单易学的思维工具传递给更多需要它的人。

【记忆趣闻】

当有人问起托尼·布赞为什么要创办世界记忆锦标赛时，他回答："在世界各地有很多人进行着各种各样的比赛竞技，像足球、橄榄球、下棋，等等。同样地，也有很多人在玩记忆方面的游戏，所以我决定组织一种比赛，只不过是记忆力比赛。它不像一些体育运动，年龄太大便无法做得更优秀，锻炼记忆力永远不嫌晚。而且，记忆力也并不一定是与生俱来的天赋，我们完全可以通过后天的努力得到它。经过训练以后，你可以不用备忘录，就能井井有条地完成所有事，甚至还可以去赌场玩玩儿，或许还能帮你赚点零用钱。”

对此，前世界记忆冠军奥布莱恩表示，记忆力的锻炼是人人都可以做到的，他本人是从30岁才开始进行训练的。小时候他并没有表现出任何的天赋。在刚开始训练的时候，有人对他说：“如果你能记住整副牌的顺序，那你为什么不到赌场大捞一笔呢？”奥布莱恩觉得可行，于是花了些时间学习21点，结果发现确实不错，他靠这个本领在赌场赚了不少钱。可惜好景不长，没过多久他就引起了赌场的警觉，赌场方面取消了他的会员资格。

奥布莱恩说：“现在英国所有的赌场都不欢迎我。我也尝试过去国外的赌场，诸如法国、捷克、美国等。不过情况都差不多，他们都盯上我了。”

珞珈记忆才子——王峰的冠军之路

1990 年出生的王峰，在参加了 2014 年火爆中国的《最强大脑》之后声名鹊起，逐渐被更多人所知。事实上，在参加节目之前，王峰在记忆达人圈中就小有名气了。他在 2009 年 11 月参加了第 18 届“世界脑力锦标赛”，成为总分排名世界第五、中国第一的“世界记忆大师”。第二年，王峰再次参加第 19 届“世界脑力锦标赛”，成功打破了 4 个项目的纪录，成为赛事举办 19 年来，第一个获得个人总冠军的亚洲人，综合实力排名世界第一。而在此之前，他只是一名很普通的学生。那么，他是如何从普通学生摇身一变，成了如今的记忆大师的呢？

根据王峰高中时班主任的说法，他在中学阶段并没有显露过任何记忆方面的才能，当学校老师们听说王峰夺得世界记忆冠军时，都感到有些不可思议。

王峰 2009 年在武汉上大学时加入了武汉大学的记忆协会，而这个协会恰恰是由记忆大师袁文魁发起并推广的大学生公益社团。王峰在前期的集训时就展现了他的天赋，一个月的时间里，他就取得了其他人几个月才能达到的成绩。对此王峰坦言说，并不是他的脑子多么好使，只是他在每一天的训练中会给自己设定一个清晰的目标。在没有达成目标之前，他不允许自己停下来。

人类大脑的记忆储量，相当于美国国会图书馆的50倍，也就是相当于5亿本书的知识。因此，我们应该学会开发大脑的潜能。只要我们能够合理开发利用我们的大脑，惊人的记忆力并不难获得。王峰一直很相信这句话，所以他从训练开始就一直对自己充满信心。前期训练时，他也经常会卡在某个环节上动弹不得，身边的其他学员或焦躁或泄气，只有他默默地告诉自己，困难是正常的，但不是无法跨越的。一次不行就两次，两次不行就三次，一遍一遍的重复和永不气馁的心态，给王峰的成功打下了坚实的基础。

王峰说，自己最开始加入记忆协会时，其实也因为困难退缩过，那时他想，自己应该不是这块料。但好在他调整心态很及时，在坚持了20多天后，他掌握了正确的记忆方法，进步的速度让自己和旁人都感到了惊讶。正是这种明显的提高坚定了他的信心，让他不再轻言放弃。而且，他在给自己制定训练目标时，也是采取递进的方式。比如，开始是5分钟记忆80个数字，第二天就增加到100个，然后以此类推，逐步上升。就算在训练时恰逢状态不好或者是其他一些原因，王峰也从来不会给自己放假，他认为，永远不要给自己松懈的借口，有了第一次，就很容易出现第二次、第三次，所以他从来不给自己偷懒的机会。

当暑假来临，大部分同学外出旅游玩耍时，王峰自己闷在家里或者宿舍，每天坚持对着扑克牌和数字进行训练，经过两个月的坚持，王峰的记忆力突飞猛进。在2009年11月的伦敦世界脑力锦标赛上，初出茅庐的王峰技惊四座，一鸣惊人，他以一个小时正确记忆 1984 个数字的成绩打破了当时的世界纪录，摘得一枚银牌。随后又用 31.02 秒记住了一副扑克牌，打破这项记忆项目的世界纪录，获得“世界记忆大师”的殊荣。

这一次凯旋没有让王峰陷入沾沾自喜当中，他依旧跟从前一样，每天进行着枯燥的训练，把记忆力的练习当作生活的习惯。很快，更加骄人的成绩接踵而至。2012 年 12 月，第 19 届世界脑力锦标赛在广州举行，比赛包括“抽象图形、二进制数字、人名和头像、马拉松数字、快速数字、历史事件、口述数字、马拉松扑克、随机单、快速扑克牌”共 10 个项目。这些比赛项目主要考验的是选手的记忆速度和记忆准确性，难度非常之高。为期 3 天的比赛中，来自中国、德国等 22 个国家的 148 位记忆高手激烈角逐。在“马拉松数字”项目的比赛中，王峰在一个小时内记忆了 2280 个无序数字，获得该项目的冠军。王峰给我们介绍了他使用的各种巧妙的记忆方法，包括“地点定桩法”“逻辑联想法”“提取关键字”等。定桩法我们都不陌生，就是把数字或者需要记忆的内容和自己熟悉的事物和环境联系起来，串联成一个连贯的故事场景。故事场景天马行空，由我们肆意编造，相比传统的记忆方法，效率大大提高。王峰就是凭借定桩法的场景串联夺得了马拉松数字记忆项目的冠军。

从王峰的故事中我们不难看出，他与我们所有人并没有任何大的区别。他很年轻，是一名学习土地资源管理的学生，接触到记忆术和开始训练记忆力的时间不是特别久。他所学习使用的方法也并不特殊，我们在前文都有过系统详细的讲解和介绍。这就意味着，这是我们每个人都可以做到的，甚至可以做得更好。

在我们没有接触各种记忆术以前，那些拥有超凡记忆力的人总是带给我们太多的惊奇，记忆力也往往被披上一层神秘的面纱，似乎离我们普通人很遥远。现在，我们不用再去仰望那些站在记忆高峰的人了，因为他们有的我们也有，他们可以做到的，我们也一样可以。记忆力的训练并不只是让我们夺取竞技桂冠和荣誉的方法，它最为重要的使命是教会我们如何科学用脑。我们每个人的大脑都是宝贵的资源，闲置它或者用错误的方法使用它都是不应该的。我们明明守着金矿，为什么要过贫穷的生活呢？

90 后王峰的冠军之路告诉我们每一个想要锻炼记忆力的人，非凡记忆力是可以通过后天锻炼培养出来的；记忆力的训练确实很枯燥，所以你需要的不仅仅是兴趣，你要拥有比兴趣更加宝贵的决心和毅力，让记忆力为我们的生活服务。王峰的成功不是神话，我们每一个人都可以复制。

丰子恺记忆法——二十二遍读书法

丰子恺先生在分享他的苦学经验时，提到了一种别具一格的读书方法——二十二遍读书法。每天他都会为自己选择新书中的一课，并且要求自己在规定的时间内读上十遍。用计算选票的方法，来计算所读的遍数，即每读一遍就会在那一页书的下端画上一笔，如此一来就凑成了一个字。

寻常计算选票的方法，用的都是“正”字，而丰子恺先生用的却是“读书”的“读”字，繁体写作“讀”。比如，第一天，他将第一课读上十遍后，第一课下面计算遍数的地方就会出现一个“言”字旁和一个“士”字头。

第二天读完第二课时，第二课下方也会出现同样的“言”字旁和“士”字头。这时，他又会回过头，把昨天读过的第一课再温习五遍，第一课计数区域的“士”字头下面就会多出一个“四”字。第三天，完成十遍第三课的读书任务后，他又会先后各温习五遍第二课和第一课的内容，这时，第三课计数区域出现“言”字旁和“士”字头，第二课计数区域出现“言”字旁和“士”字头外加一个“四”，第一课计数区域“四”的下面就又多出一个“目”。

第四天完成所有的阅读任务后，第一课计数区域则多出一个“八”，刚好组成一个完整的二十二画的繁体的“读”字，第二课计数区域是“言”“士”“四”和“目”,第三课计数区域是“言”“士”和“四”，第四课计数区域是“言”与“士”。

四天之后，丰子恺先生才成功完成了一个繁体“读”字。也就是说，只有这一课读够了二十二遍，书页的下方才会出现这个字，这一课才算已经达到了丰子恺先生熟读的标准。回过头来看，丰子恺先生的二十二遍读书法，即生书读十遍，第二天温习五遍，第三天又温习五遍，第四天再温习两遍。

接下来，丰子恺先生又介绍了这种读书法的好处：全书中不管哪一课，他都读够了二十二遍，而且是分四次完成。在这种反复阅读中，很容易达到熟读的程度。就是在这种方法的支撑下，丰子恺先生日复一日地坚持，当那些课业接二连三地达到熟读的标准后，他已经能够熟练地脱口而出。在他感受到熟练背诵的愉悦时，发自内心地认为熟读过程中所经受的苦楚都是值得的。

这一与众不同的读书方法使丰子恺先生受益匪浅，其功效已在日语学习中得到了证实。据丰子恺先生所言，这种“笨拙”的读书方法，虽然无法纠正发音和语调方面的问题，但是脑子里所存储的知识是完备的。所以当他听到日本人说话时，就能轻而易举地根据所储备的知识去纠正某些发音和语调上的缺陷。他在学习外语方面所取得的成功，正是得益于这一读书方法。

丰子恺先生的读书方法，其实就是我们所要说的交替记忆法，又被称为分布记忆法式重视头尾记忆法。它是一种把不同性质的识记材料，在时间分配的基础上，进行交替记忆的方法。通常情况下，长时间单纯地识记同一种材料，效果并不是很好，这是因为同一材料只能对脑神经形成单一的刺激，时间长了，容易导致大脑疲劳，于是大脑就会开启保护模式，起初的兴奋状态也就变成了抑制状态，识记者就会出现头昏脑涨、注意力涣散等情况，记忆效果自然好不到哪里去。

心理学研究表明，在我们记忆的过程中，会出现前摄抑制和倒摄抑制的现象。所谓的前摄抑制，就是先记住的知识对后记住的知识有抑制作用；倒摄抑制则是说后记住的知识对先记住的知识也有抑制作用。

如果把我们的记忆序列设定为 A、B、C、D、E，那么，开头的 A 和末尾的 E，受到的抑制就是单向的，而中间部分的 B、C、D 受到的抑制是双向的。显而易见，这种抑制影响着我们的记忆。那么，有没有一种方法，能够减轻或者消除这种抑制呢？这时就需要我们打断这种固定的次序，穿插一些非记忆的活动。如此一来，记忆受到的抑制就会减少，程度也会大大地削弱。交替记忆法就在一定程度上排除了这种抑制作用。

为了验证这一理论，心理学家设计了相关实验：随机选出一名志愿者，为其提供两则篇幅和难易程度相同的材料。专家要求志愿者不间断地朗读第一篇材料，直到能熟练背诵为止。第二则材料，则要求志愿者分时间段去读，熟读到能背诵为止。结果发现，第一则材料志愿者在一天内连续读了六十八遍才能背诵，第二则材料志愿者在三天内读了三十遍就能全部背出了。

所以，对于我们学习过程中需要背诵的内容，与其一次性搞定，倒不如分成多次，每次背上一部分，这样效果反倒会更好些。这是因为，分成多次背诵的过程中，我们的大脑接受了另外的刺激，在减轻大脑疲劳的同时，也能提高我们的记忆效果。

了解了这种记忆法的好处，我们该如何将它运用到日常学习中呢？因为记忆存在前摄抑制和倒摄抑制，所以我们应该把重要的知识放在开头和结尾时段去记；再比如讲话的时候我们需要先拣重要的事情说，讲话结束的时候我们要开启“重要的事说三遍”模式。

这种记忆法尤其适用于记忆篇幅较长的材料。对我们所要识记的材料进行分阶段记忆后，每个阶段都有了专属的开头和结尾，这就大大削弱了记忆过程中的抑制作用，记忆效果也会明显增强。

当我们需要一次性记忆一些单词和短小的材料时，在记忆时我们可以随机调整材料的顺序，即每记忆一次调换一个新的开头和结尾，这样一来“记忆抑制”也就分布得比较均衡，从而减少了背诵的时间。

除此之外，我们还要学会合理地安排识记材料。当我们需要识记的内容属于同一学科时，则要分段记忆；当我们识记的材料属于多个学科时，为了减轻抑制作用，要尽可能地使前后相邻的内容分属不同学科，从而减少材料间的相互影响。

此外，由于早上起床的时候，记忆不受前摄抑制的影响，所以我们要尽可能地养成早读的习惯。而晚上睡觉的时候，记忆不受倒摄抑制的影响，所以我们可以在睡觉前去记一些东西。把握住了这两个“黄金时间”，记忆力和学习效果都会得到相应的提升。

综上所述，充分利用开头和结尾，会使我们在同样的时间、同样的精力下，取得更显著的记忆效果。丰子恺先生分享的二十二遍读书法，也道尽了分散记忆的好处。当然，这里的分散记忆并不是说分得越散越好，凡事都有个度，所谓的分散也有它自己的规矩。比如，短小的材料，用分散记忆法就不合适；篇幅长的材料在记忆过程中间隔的时间既不能太长，也不能太短，太长容易遗忘，太短则容易受到干扰。

世界记忆大师——多米尼克的忠告

世界上最令人赞叹的记忆天才——多米尼克，曾经在著作中说起过他从事记忆力训练的原因。在他上学的时候，没有人去教他怎样学习。老师希望他们可以自己摸索出学习的方法，从而吸收知识，在考试中获得好的成绩。多米尼克幼儿时期在学校被认为是脑子反应很慢的家伙，所以他回想起当时，感慨道：当时哪怕有人能够教他一点基本的技巧，想必他的成绩也要好很多。

在多米尼克读书的时候，死记硬背是最常见的学习方式，似乎很少有人能跳出这个思维误区。完全依靠死记硬背就导致了学习成绩完全依赖机械记忆力，死记硬背的效果如果可以持续到考试时，那你就可以获得好成绩，反之，成绩则会不理想。而现如今教育一直在创新改革，机械式的死记硬背早已被大多数学校淘汰进了垃圾堆，死记硬背不好使了，学生们必须向老师证明自己完全理解了所学内容，才能取得高分。虽然死记硬背变成了理解，但是记忆力依旧没有退出舞台，反而更加凸显出它的重要性。不管我们用哪些学习方法，记忆似乎都是最终的目的。

2008 年的时候，多米尼克参加了一项推广记忆力的活动，对象是全英国的中小学生。但他们推广的并不是所谓的记忆技巧方法，而是希望孩子们可以通过使用记忆力投入游戏中，以此来提高成绩和学习能力。

活动持续了一段时间，学生们用了几个星期去训练记忆力，参加由学校组织的记忆力比赛。效果很明显，他们所推广教授的技巧可以很容易地应用到孩子们的生活当中。大多数参与训练的学生，学习效率都有了很大的提升，在成绩提高的同时，自信心和积极性也同步上涨。后来经过统计，从多米尼克等人发起的第一次活动到现在为止，每天大概有超过一万人加入到项目中。

为什么记忆力训练项目可以得到如此多的人的追捧和响应？多米尼克认为，这是因为人们逐渐意识到，记忆力的训练并非只能让我们处理线性信息，它的效果是启动大脑，开发我们的大脑潜能。人脑的有效开发不仅仅可以提高我们的记忆力，它还可以激活我们的想象能力，帮助我们综合那些零散的信息。想象能力意味着我们思维的活跃，而拥有活跃思维的人，头脑往往更加清晰。

虽然这项活动开展得如火如荼，全国各地的支持者、参与者越来越多，但多米尼克也曾遭受过质疑。有一位老师认为教记忆力没有用，她说学习的目的是理解，死记硬背没有必要。而当多米尼克请她举出一个不需要记忆就能理解的例子时，这位老师却无言以对了。

虽然多米尼克不同意那位老师所认为的记忆力无用的观点，但是多米尼克理解那位老师的意思。在多米尼克看来，不管是记忆还是其他，真正重要的是练习的过程，是不畏艰难、克服挫折、勇于挑战，向着自己的目标不断地去努力，通过提高记忆力来增强自信的过程。很多事情不能只看结果，就好比篮球场上的壮汉们跑来跑去将球扔进一个篮子里，按照老师的说法，这有什么意义呢？意义在于过程，顽强拼搏的过程。

不管是篮球还是足球或者是跑步游泳，这些运动都可以锻炼我们的身体，强健体魄。我们去记住一副扑克牌和一串无序数字可以锻炼我们的大脑。这正好展示了大脑的无限性，记忆力是我们思维活动的体现，我们在进行记忆力训练时，实际上是释放自己思考的能力。尤其对于处于学习重要阶段的学生来讲，一旦记忆力得到激发，他们就会发现学习的本质并不是那么枯燥，从而让他们在学习时感受到快乐和刺激。而不是像我们从小经历的那样，被死板地要求着，硬着头皮去学，但是又不告诉我们究竟该怎么做。

当我们发现自己的记忆力是可以通过方法技巧提升以后，你很快就会意识到，它不仅仅会提高我们的记忆能力，它还能提高我们的自信心和自尊。我们所拥有的记忆能力可以让我们做很多其他的事情，如像表演一样展示我们的出色记忆力，轻松自如地站在公众场合进行演讲，游刃有余地处理各种陌生复杂的事物，融入不同的生活和工作环境。

多米尼克曾经获得过 8 次世界记忆冠军的殊荣，这一切都是他通过不断深入大脑研究进行探索得来的结果。包括我们在前文介绍过的“多米尼克系统”，他曾经凭借这套独创的系统在首届记忆力锦标赛上扫尽强敌，创下了世界纪录。

多米尼克曾经讲过这样一件事：有一段时间，他受邀去学校给一些成绩不太好的学生讲课，多米尼克在课上给学生们进行了记忆力表演，并且也帮助他们做了各种各样的练习。这是他第一次去给别人讲课，在回家的路上，多米尼克产生过一丝疑问，他不知道自己的所作所为是否有意义，他到底是帮助学生们学习，还是让他们分心了呢？这些学生是仅仅记住了他的表演，还是可以从中获取一些学习的技巧呢？

五年后，多米尼克去伦敦参加了英国记忆公开赛，比赛休息时走来一个小伙子，小伙子对多米尼克说："奥布莱恩先生，或许您不记得我了，几年前我还是个学生时，您曾来学校给我们讲过课。"小伙子还说，他通过那堂课接触到了记忆的技巧和方法，在未来的日子里也一直关注着、练习着，后来考上了理想的大学。所以，他想把这件事告诉多米尼克，并且说一声"谢谢"。

这件事让多米尼克意识到，哪怕只改变了一个年轻人的命运，他所做的一切就都是值得的。

这句话，也是我想要说的，你现在捧着的这本书，只要能够给你带来帮助，那我所做的一切，也都是值得的。

图书在版编目（CIP）数据

心理学与记忆术：畅销三版/陈泊菡著．—3版．
—北京：中国法制出版社，2018.9
（心理学世界）
ISBN 978-7-5093-8765-8

Ⅰ．①心…　Ⅱ．①陈…　Ⅲ．①记忆术-研究
Ⅳ．①B842.3

中国版本图书馆CIP数据核字（2018）第213061号

责任编辑：薛　强（editor_ xue@163.com）　　封面设计：周黎明

心理学与记忆术：畅销三版

XINLIXUE YU JIYISHU：CHANGXIAO SAN BAN

著者/陈泊菡
经销/新华书店
印刷/三河市国英印务有限公司
开本/710毫米×1000毫米　16开　　印张/13.75　字数/238千
版次/2018年9月第3版　　2018年9月第1次印刷

中国法制出版社出版
书号 ISBN 978-7-5093-8765-8　　定价：39.80元
北京西单横二条2号　邮政编码100031　　传真：010-66031119
网址：http：//www.zgfzs.com　　**编辑部电话：010-66038139**
市场营销部电话：010-66033393　　**邮购部电话：010-66033288**

（如有印装质量问题，请与本社印务部联系调换。电话：010-66032926）